中國印象

文化教育空间

陈卫新 编

辽宁科学技术出版社
·沈阳·

目录

前言

书店

010 知识的纽带——方亭图书馆

020 在书籍组成的斑马线邂逅一片宁静的护航——上海芮欧钟书阁

034 城市中的一缕新鲜空气——新鲜空气书店

046 仰望星空的去处——言几又北京荟聚店

056 书籍搭建的二十四桥联想——扬州钟书阁

066 心灵的定居——止间书店

教育空间

078 游戏的假山——保利 WeDo 艺术教育机构（达美分校）

086 飞屋环游记——红花幼儿园

094 疯狂动物城——亚马逊幼儿园

102 绿野仙踪——贝儿多幼儿园

110 知识方印——同济大学浙江学院图书馆

120 独立的儿童世界——西安陆港第一幼儿园

130 回归自然的儿童世界——北师大附属长乐一号幼儿园

138 楼群中的童趣绿洲——兰艺悦幼儿园

148 幻想乐园——上海金丝猴集团小剑桥双语幼儿园

索引

248 未来旅行社—— 赞那度旅行体验空间

238 遇见一束光的设计—— SERIP 灯具展厅

228 宜人之城 昌盛之地—— 宜昌规划展览馆

220 一览山水洲城之美—— 长沙规划展示馆

212 新旧穿越—— 淄博齐长城美术馆

202 畅想艺术的绿色未来—— 莲邦广场艺术中心

190 穿越感设计—— 景浮宫瓷版艺术馆

180 给孩子自然活泼的中国风—— 盘小宝影视体验馆

170 一个艺术家的心理空间图示—— 留云草堂

162 『光』和『空』的意志—— 来院

展览艺术空间

前言

以“中国印象”为题，编一套书是困难的，就像我们用语言去形容一件宏大的事，很难找到词语间一一对应的准确关系。挂一漏万，在所难免。

印象，是模糊的、笼统的，并不来源于科学的计算。那些接触过的客观事物在人的头脑里留下的迹象，又总是指引着我们的设计观，影响着我们的生活。如果说，一定要用一个词贴切地描述这种“中国印象”，我想这个词就是东方艺术观的本质——写意。我们无法回到过去的语境谈写意，也无意将传统标签化、图式化，我们只能说这里集合呈现的是不同的文化背景、生活经验、个人爱好、项目需求下的中国室内设计作品，本身就是现实生活中时空交错的“中国印象”。

“中国印象”来源于生活。随着时间的变化，我们认识事物的角度与深度都会变化，或者越来越靠近，或者越来越疏离，只有“印象”会一直存在，成为一种有象征性的连接祖先的感受。“中国印象”就是这种感受的表达与传递。这种感受的多少、深浅并不依赖于物理空间上真实的远近，也许来源于视觉经验、来源于童年记忆，只是一团坚定的、向好的意象，是一种“人在旅途式”的心理依靠。从古至今，从文学、绘画、建筑、习俗、戏曲中看去，似乎每一个中国人都是在移动中的。战争、移民、商贸、学仕、贬离、流放，影响人一生的东西实在是太多了。人的一生可以跌宕起伏、经历丰富，但也可以非常的简单平常。古代文人对于日常生活审美化的追求，是由时代精神、政治模式、生活空间，甚至经济状况的改变而促成的，是时代的必然。李泽厚先生曾经认为，整个宋代“时代精神不在马上而在闺房，不在世间而在心境”。诗意的审美态度从来就不是抽象的，文人在日常生活中的审美需求，不期然间成了一种伟大的集体自觉。

“中国印象”来源于情感。中国人讲究“安居乐业”，有了住所，有了空间，便不再流离，可以往来酬酢，可以闭门索居。总之，以一个空间换来了内心深处的踏实。显然，这种中国印象不是偶然的，不是主观造作的，恰恰相反，它来源于传统，来源于生活中的情感。古人在“流动”中，从来没有放弃对这种空间感受的写意表达，唐代王维的终南山“辋川别业”可以说是私家园林之发端，是个人情趣与自然山水相互触发的结果。这种山居生活对王维的影响是显然的，王维擅长山水画，并创造了水墨渲淡之法。他说：“夫画道之中，水墨最为上，肇自然之性，成造化之功。或咫尺之图，写百千里之景。”这种“质”的发展，在于对自然山水体势和形质的长期观察、概括与提炼，这是空间带来的最直接的感受。王维有佛心，诗境、画境只是表达而已。在他的作品中，经常可以看到小中见大，从已知景象感知无限空间的审美经验。这其中通汇了灵魂深处情感的终极追求。从建筑或造园的意义上来说，他把自然景境中的虚实、多少、有无，按照人的视觉心理活动特点，形象地表现了出来。这也成了后来建筑造园、山水绘画及至当代禅意空间设计等思想方法上的一个基础。李泽厚先生有一个判断，古希腊追求智慧的那种思辨的、理性的形而上学，是狭义的形而上学。而中国有广义的形而上学，这就是对人的生命价值、意义的追求。古希腊柏拉图学园高挂“不懂几何学者不得入内”，中国没有这种传统。中国印象更多地来源于中国人的价值观。李泽厚在提及“审美形而上学”时说：“中国的‘情本体’，可归结为‘珍惜’，当然也有感伤，是对历史的回顾、怀念，感伤并不是使人颓废，事实上恰恰相反。”

“中国印象”来源于书画。中国的空间营造与诗文绘画是非常紧密的。唐宋间的绘画，多有建筑山水体裁。画者在其中常常流露出对于人居与自然关系的认识，对于故乡虚拟性的表达成为一种常态。有学者曾提出，传为李思训所做的《江帆楼阁图》应该是一组四扇屏风最左一扇，而非全图。这也许就是一种“历史的物质性”。似乎中国人的建筑一定是在自然山水中的，空间由此有开有合，有迎有避。立足处，即怀思起兴之所。建筑的门窗，室内的落地画屏，使空间的分隔更加灵活多变，居住的功能分配与自然山水地形地貌结合度极高。唐宋的绘画史记载过大量的画屏，这些可称为“建筑绘画”的作品大都已消失了，许多研究者发现若干经典作品首先是作为画屏而创作的。这样的画屏，是建筑空间中的“隔”，是目光远去之间的参照物，而其中绘制的建筑以及建筑远处的山水，与现实中的建筑山水形成了一种递进。在这种递进中，建筑本身作为一种审美记忆的情感，也渐渐地成了绘画艺术中的经典。文人乡愁似的山水画在造型上追求“简”，那些画中的林木萧疏，简笔行之，点皴率然，远山逶迤似逐日而去，空气清冽湿润，盘谷足音尚在。

“中国印象”来源于诗文。苏轼在《定风波》中写过，“常羡人间琢玉郎，天应乞与点酥娘。自作清歌传皓齿，风起，雪飞炎海变清凉。万里归来年愈少，微笑，笑时犹带岭梅香。试问岭南应不好？却道：此心安处是吾乡。”这样的故乡就是不在世间，而在心境。安妥的情感是传承至今的一种文化现象，是人与自然的关系，更是人与人的关系。古人心中的空间概念具有无法替代的神圣性，虽然它并不那么确定。这种有关于印象的“当代性”已不局限于某个特定时期，而是不同时代都可能存在对于生命本源的主动建构。放至当下，也许还意味着人们对于“现今”的自觉反思和超越。人生易老，岁月不居。《红楼梦》里写建筑，常常是实中有虚，虚中有实的。造园之法，即动静之法。中国园林是以文造园的，大观楼是大观园的主楼。“镜花水月”是太虚幻境的一次落实，这种静中之动，是微妙的，也恰能动得人心。贾政与一众清客为大观园中的亭子取名，以水为倚，宝玉取“沁芳”为名，让贾政拈髯点头不语。周汝昌先生按语：“‘沁芳’是宝玉第一次开口题名，仅仅二字却将全园之精神命脉囊括其中。既不粗陋，更显风流，不愧文采二字。”植物与大观园各处人物皆有对应之处。怡红院有花障，更显幽密。有活水源流，花团锦簇，玲珑剔透。有富贵闲人的气息。潇湘馆，前种竹后种芭蕉，清雅，有书卷气。探春的秋赏斋，描绘最为细腻。小园里前种芭蕉后栽梧桐，有其命运的潜兆。室内布置极大气，有黄花梨的大案，豪华的拔步床，充满了士大夫的气息。从符号学的体系来审视，《红楼梦》无非是“归空”与“还泪”两个主题。应该说，每个人心里面都有一个红楼梦，都有一个大观园。这就是典型的“中国印象”，对于室内设计来说，无论是静态的，还是动态的，在更新的方式出现以前，“新古典”与“解析重构”提供了当代设计表达的两个主要渠道。

好设计师一定善于写意，“中国印象”是每位设计师随身携带的遗传基因。我们尊重这种遗传基因的差别，不会因为他们作品的差异而排除其中的一部分。站在中国室内设计的某一处路口上，我们未必能看见很远的地方，但一定要知道我们从何处来。这是编辑这套书的初衷，对于每一位设计师来说，设计作品就是生命与时间的互证。

陈卫新

书店

知识的纽带

方亭图书馆

工程档案

项目地点 中国，上海

竣工时间 2016年

设计单位 上海库康纳建筑设计有限公司

主设计师 王少榕、范继景、唐正德、李萌、季赛慧

设计团队 空间里建筑设计事务所

项目面积 550平方米

摄影师 加纳永一

主要材料 木材

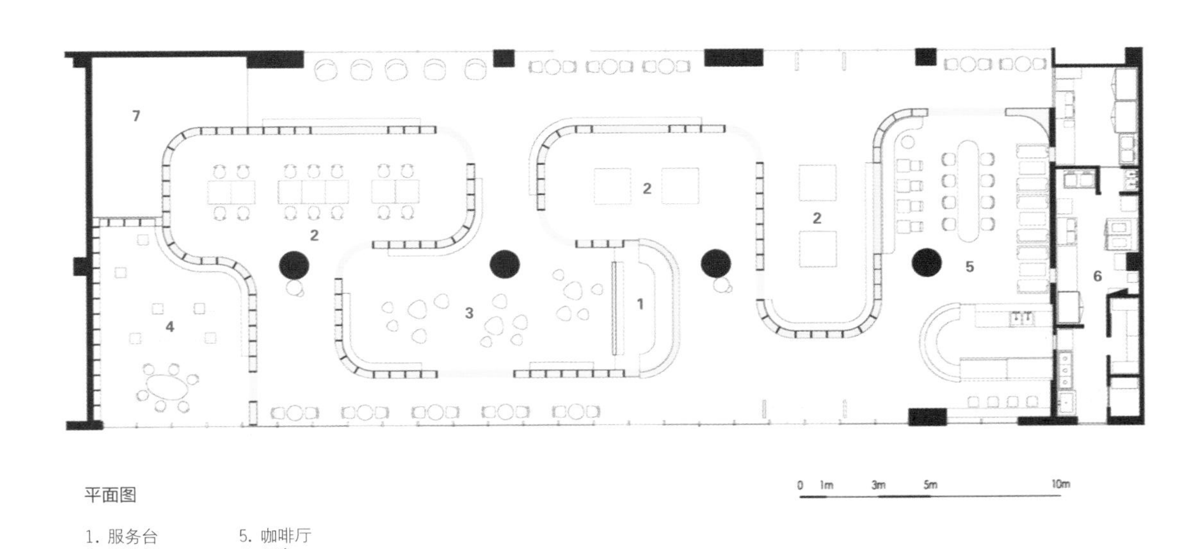

平面图

1. 服务台
2. 阅览室
3. 阅读沙发区
4. 儿童绘本区
5. 咖啡厅
6. 厨房
7. 办公室

设计说明

方亭图书馆位于上海安亭新镇的“万创坊”社区商业中心，由万科与方所集团携手打造的方亭图书馆作为社区的配套设施坐落于沿街的一层。设计概念以“知识的纽带”为出发点，使用一条连续且弯曲的书架墙贯穿整个大空间，围合形成图书馆的内部空间，各区域根据其功能进行巧妙布局，使得区域之间相互区隔，书架墙的门洞和窗洞又让整个区域相互连通、相互渗透，既保留私密性又有其连贯性。犹如鱼儿自由自在的畅游于知识的海洋，人们静静游走于图书馆，沿着书架找到自己钟爱的书籍，找到舒适的地方坐下来看书。

INTERIORS
INTERIORS

亭
FOUNTAIN
诗歌
Poetry

Foreign Literature
外国文学
Monet

大众文学
CÉZANNE
CUBISM

设计手法上，使用了300毫米作为平面布局的网格模数，书架如一条柔软的纽带落位于网格上，在设计期间这个方法也有效地应对了多次的空间布局调整。书架整体材质为多层板染色，由若干个相同的直型书架、R形书架、门洞、窗洞的基本模块组合而成，从而减低了施工的繁复程度，有效地控制工程造价，并能快速应对施工。

亲子绘本区
沙龙区
美学区
精品区
阅读区
COFFEE
HERBAL TEA
EST2003

亲子绘本区
沙龙区
阅读区
美学区
精品区

在如今电子阅读日益挤占纸质阅读的当下，方亭图书馆提供了一个惬意而舒适的阅读环境，无论是一杯咖啡的翻阅，还是一个下午的沉浸，或是带上孩子读看绘本，让人们爱上读书，让阅读提升生活的趣味。

在书籍组成的斑马线邂逅一片宁静的护航

上海芮欧钟书阁

工程档案

项目地点 中国，上海

竣工时间 2016 年

设计单位 唯想国际

主设计师 李想

设计团队 刘欢、范晨、童妮娜

项目面积 1000 平方米

摄影师 邵峰

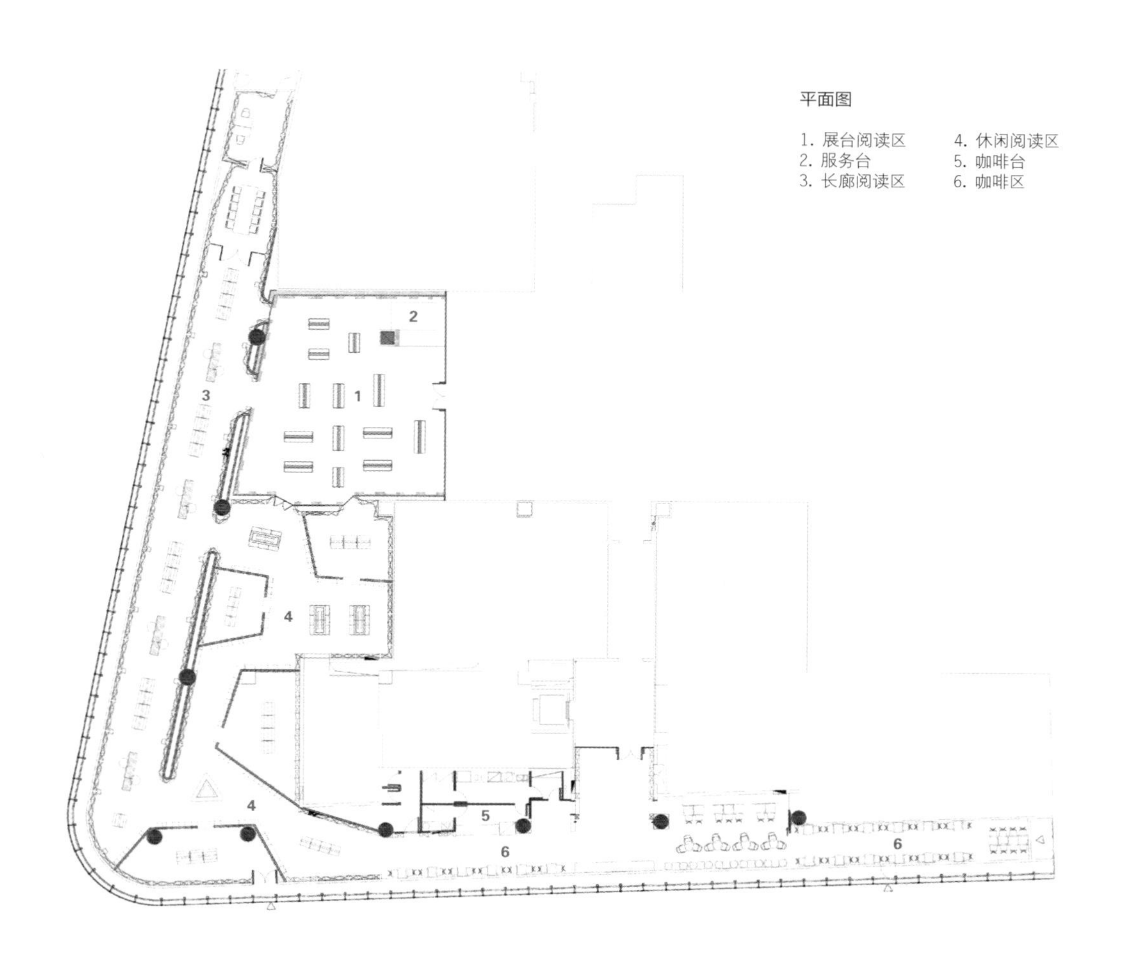

平面图

1. 展台阅读区
2. 服务台
3. 长廊阅读区
4. 休闲阅读区
5. 咖啡台
6. 咖啡区

设计理念

一座繁忙的城市，林立乱象的霓虹灯是背景。匆忙穿梭的行人，从街的这一侧穿过马路，从马路的这一侧越到另外的街区。从这座城市的上空看下来，人来人往，车水马龙，唯有斑马线静静的护航与指引。芮欧百货就在一个繁忙的充斥着穿行与驻停的街角，钟书阁芮欧店就在上海的市中心静安区芮欧百货的 4 楼的端头。

乘坐电梯来到四楼并向深处看去，就会看到钟书阁的字幕玻璃幕墙，隐约可见其中干净整洁灰白色调和谐晕染，安静的光晕透过字幕幕墙的空隙传递出来。走近，走进，你便知道这次钟书阁要讲的是书与斑马线的故事。这正是这家钟书阁要表达的情怀，也是上海这座繁忙的城市的缩影。

红尘俗世，向来是每个人都逃不开的诱惑。尤其是上海这样“红尘中一二等风流富贵之地”便更是充斥着更多的欲望与无奈。所以纠缠沉浮在红尘俗世中的人，时常渴望有一个安静的场所，可以让自己的身心得到解放！芮欧钟书阁用斑马线的概念来贯穿和引领故事的情节，从安静的马路街景到公园闲适的环境再到建筑群的精神空间，来表达繁忙浮躁的城市节奏下，书籍作为生活的陪伴，像是城市的各种功能与我们生活的关联，并且阐述像斑马线一样的书籍为我们的成长护航与指引！

ARS
SAC
RA

设计说明

素色的混凝土映射着城市的马路颜色，白色摆书台横竖有致静立路面，链接每个书台的地面画着一条条白色的人行横道线条，明确指引着书台与书台间的路径。满墙阵列的白色圆管，每一根都可以自由伸缩进墙体，通过这样的机动性可以塑造不同样式的阵列图形，这种变换的形式也是摆放书的架台，同时更映射了快速变换的社会现状。在这里读者俨然进入到了一个城市空间，但是这里没有车水马龙，只有安安静静的路与斑马线，还有在书台上落成山的书。因为斑马线好比那一本本伴随我们成长的书籍。在对的时间，遇到对的指引。由此来表达书与读者的精神关联。

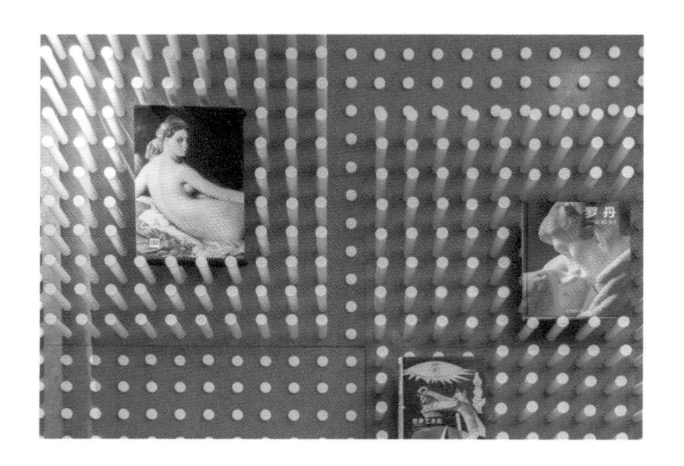

接承这个空间的是一个休闲阅读的长廊，这里有一排长长的公园椅子，书架设在两厢，书墙每隔一段就会有一盏路灯。这里不仅是读书长廊，更是一个室内读书公园。慢慢行走在书的世界，累了，坐在路灯下的椅子上，静静安放精神在一本心爱的书上，正是这个空间想给予读者的阅读环境。

安全出口
EXIT

穿越这安静的图书公园便来到了书籍的天空之城，一条蜿蜒的路径贯穿4幢由书架构筑成如建筑般的书架，让读者体验穿越在真正的书的城池，在路径上看这里每一间“房子”外的墙都是书架构成，而且留有大面积的可透视窗口，可以看见“房子”内的情景，但从房子内部看则是一个个文化艺术主题和相应的书籍馆。4间建筑内面积有大有小，小型的犹如一个安静的书房，大的可以容纳小型的读书会。这里用书籍构建城市的模样，与外界喧嚣的街区不同，这里只有安静的读者与作者之间的隔空交流与感悟的精神世界。书架之间的路径宽窄渐变，曲径蜿蜒间可见地面标示的斑马路线，这里，恍惚间像是走在上海的百年街道感受浪漫与上海的情怀。

"IN THE END,
IT'S NOT THE
YEARS IN YOUR
LIFE THAT COUNT.
IT'S THE LIFE
IN YOUR YEARS."

SEEK
TO BE
WORTH
KNOWING
RATHER
THAN BE
WELL
KNOWN
DON'T
QUIT
DO WHAT
IS RIGHT,
NOT WHAT
IS EASY

You have
to be
ODD
to be number
ONE1

城市中的一缕新鲜空气

新鲜空气书店

工程档案

项目地点 中国，保定

竣工时间 2016年

设计单位 风合睦晨空间设计

主设计师 陈贻、张睦晨

项目面积 350平方米

摄影师 孙翔宇

主要材料 水泥地坪漆、实木书架、水泥肌理漆、实木格栅、深灰色涂料

平面图

1. 门厅
2. 阅读区
3. 休闲阅读区
4. 舞台
5. 咖啡吧台
6. 洗手间
7. 会客室
8. 茶室

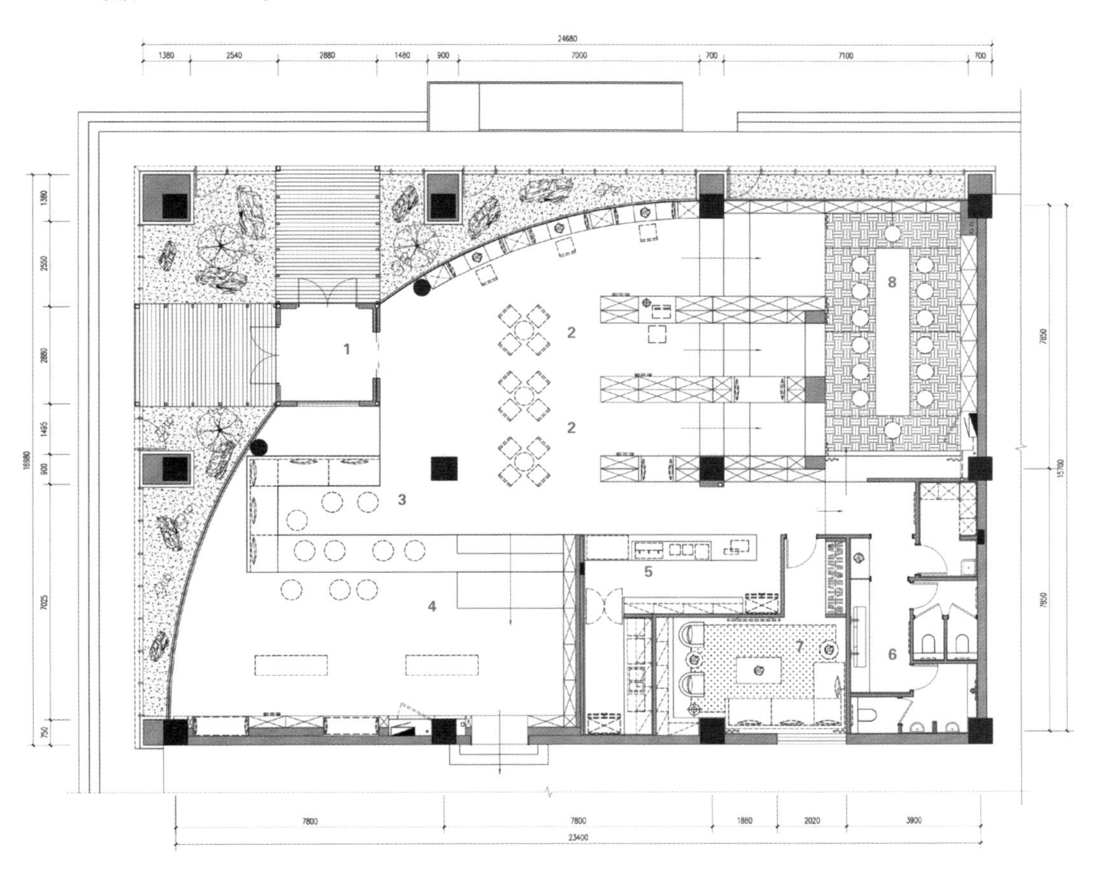

新華書店
XINHUA BOOKSTORE

设计理念

书店位于经济开发区和老城区之间的位置。四周基本全是高楼和即将拔起的高楼大厦。这个书店的业主和新华书店是合作经营的关系，场地和经营模式由业主提供，新华书店提供最新的书源，管理方面也由双方的管理人员共同参与。这次业主对他们的经营有更新的愿望和认识，所以希望设计师能帮助他们提升并实现这个愿望。

设计师热诚地希望“爱”能通过书籍、通过空间传递给人们并能产生改变这个冷漠世界的作用，让人们可以找回那本来属于自己却被遗失了的最宝贵的“爱”的生命答案，好让它能重新流淌入人们疲惫、干涸的内心。

在设计这个书店的时候，设计师最关心的问题是如何设计一处可以安放人们内心的精神的栖息地，如何在书店的空间场景中，用最朴素的、自然而然的设计构建起人与书的关系。设计师最想达到的效果是用简单、宁静、谦卑并且低调的设计语言和空间表现力实现有机共生，并让空间散发出生态气场。

设计说明

在设计书店的时候，并没有受到过去新华书店固有形象的影响，而是想让新华书店的这个具有特殊时代意义的品牌更能符合当代社会发展的需要并让这个品牌能更接地气。这对于这个具有传统意义的品牌来说是革命性的，但对设计师来说却是顺势而为。在与传统的新华书店相比，它的最大不同之处就是它的人性化表现之处，设计师更多地关注的是自然、环境与人的感情互动关系以及人们在空间场域中的情感与行为的体验关系。设计师在设计这个书店的时候并没有与其它的同类书店做过多比较，他们想要得到的其实是更为倾向内心需求和单纯的情感需要。

书店里阅读区的设置非常多变有趣，有穿插到书架之中的软座区、有设置在落地窗边上的咖啡区、有为聚会和学习小组专门设置的沙发围合区，还有在书店前厅设置的可以根据需要随时进行调换的散座区。另外，店内还设计了高高低低的阶梯让人们可以随意的席地而坐提供方便，甚至在最私密最安静的地方，设计师还设计了一处让人们可以彻底放松的日式的榻榻米阅读茶室，同时在这里也可以开展各种类型的读书分享交流会。

设计师在设计中非常偏爱原木。原木自身散发着自然的独特气息，像呼吸一样涌动着生命力，因为它本身就是生命。设计师渴望用生命去唤醒生命。因此，原木被更多地运用在设计的空间中。设计师尽量控制对材料和设计语言的使用，试图用最简单、最朴素的语言去呈现木头的这种自然天性，让空间呈现出非常内敛和谦卑的有着内在的生命力的状态。其实原木和人的身体质感非常接近，都是有温度和散发着热量的，上帝创造了这种材料，它本身蕴涵着强大的生命力。在运用原木的过程中实际上就是在使用能跟人类的身体相对应的这么一种材质去呼应人们心理渴求的那种最原初的感受。通过使用原木进行空间的表现和塑造，让原木去包围人的活动，让原木所创造的环境跟人体产生一种共鸣和一种相呼应、相协调的关系，让人们在空间中的活动充满了温情和善意，这就是设计师希望达到的一种状态。

仰望星空的去处

言几又北京荟聚店

工程档案

项目地点 中国，北京
竣工时间 2016年
设计单位 陈峻佳（Kyle Chan）
主设计师 陈贻、张睦晨
设计团队 峻佳设计
项目面积 3600平方米
摄影师 廖贵衡
主要材料 木饰面、云石、黑铁、不锈钢、灰玻璃、水泥

一层平面图

1. 展示柜
2. 员工休息区
3. 咖啡区
4. 储藏室
5. 读书区

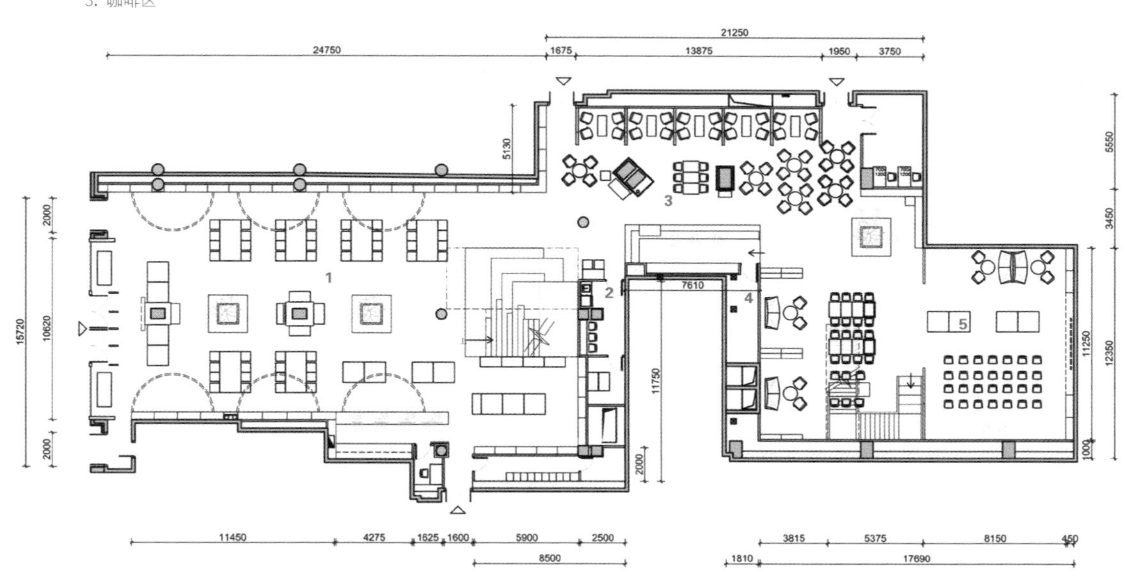

设计理念

人生总是雾气缠绕，琐事加身，面目渐模糊，理想渐遥远。峻佳设计所打造的星空书店，让我们在庸常生活之外仍能感受思想的真实，让我们在每一个漫长白昼与黑夜之后仍有仰望星空的去处。本案位于以荟聚口岸的"荒僻"为灵感，对言几又荟聚店进行了"文化工厂"的整体概念形象包装。峻佳设计所关注的不仅是对创意的把握、设计感的表达，更关注如何呈现品牌的文化与个性。设计师坚持认为，对于商业品牌的空间设计来说，设计的出发点应该在于"品牌能做什么"，设计的终极目标是为了帮助品牌提升形象，从而突出品牌或产品本身。设计师要"放下自我"，将品牌作为出发点与归宿。

欧美文学 EUROPEAN & AMERICAN LITERATURE
SMART
凡所际遇
绝非偶然

在与言几又的合作中，从空间视觉传达到品牌形象塑造，峻佳设计团队都把这些想法深入到每一个设计的细节，兼顾“独立”与“融合”，注重“和而不同”，将言几又的品牌性格贯彻到底。“言几又”作为一个综合文化空间，集合了书、咖啡、创意市集、主题餐厅、文化互动、艺术空间等不同的空间和业态要素，峻佳从繁体字“設”拆解出来的言几又品牌设计，不仅是对言几又这一品牌本身丰富内涵的创意诠释，也传达了为大众设计文化生活的无穷可能性。在具体的空间分区上，峻佳设计从“文化工厂”出发，对书区、咖啡区、创意市集等做了主体化的风格设计，或雅致，或复古，或新潮，或粗犷，各区域彼此独立，又暗自相合，兼顾独立与融合。人在其中四处游走时，一步一景，妙趣迭生。

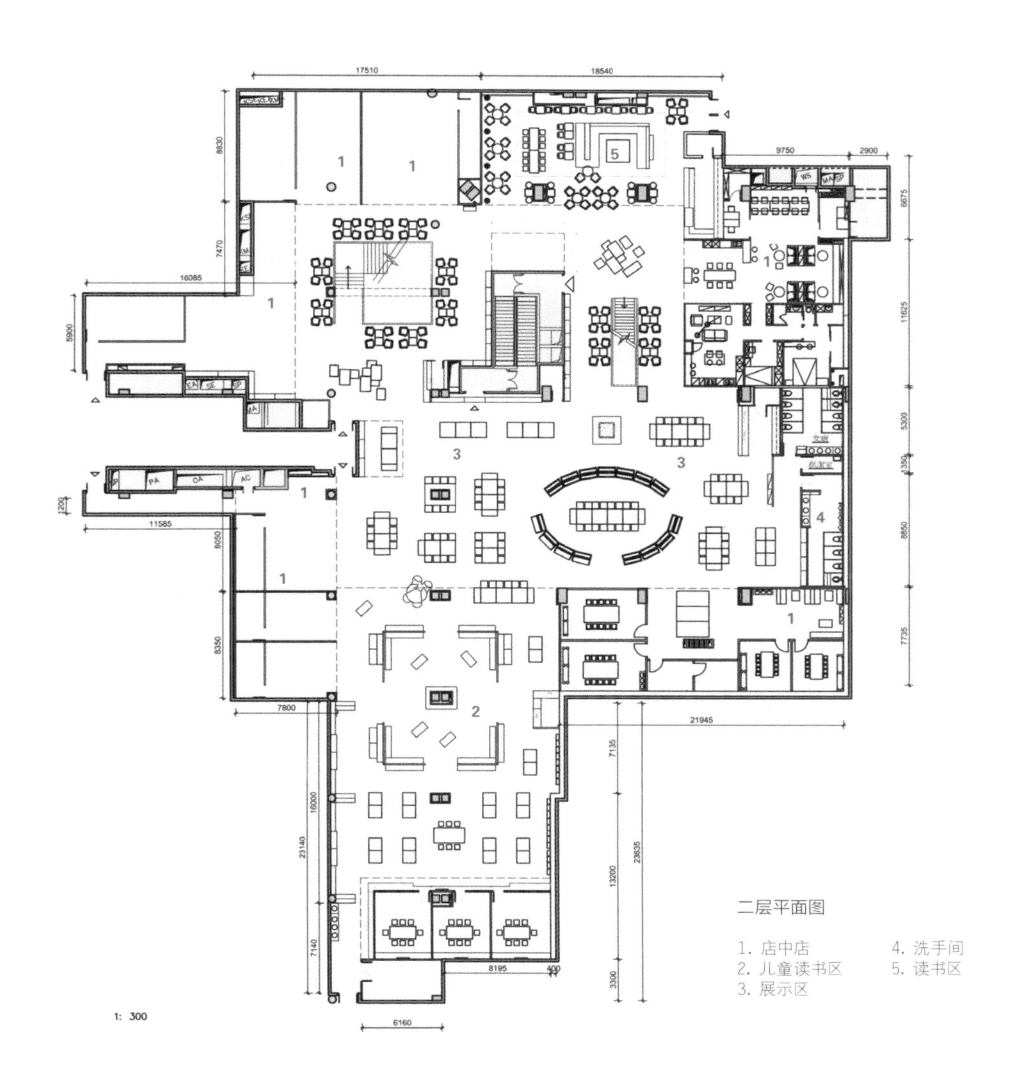

YAN JI YOU

JOHNKEATS
IS THAT
SCOTT PECK
GEORGE GORDON

设计说明

大部分人眼中的书店旅程总是以文明而优雅的美开始的。峻佳设计却以带有现代工业感的材料组合，极大增强了现场体验的原始冲击力。冷灰色的水泥，冰冷的铁，交织的网，与自然的木色、文化的风雅形成对比，这种对撞让人感觉到书店仍然是工业文明里富有温度的人文国度。

作为一个书店，阅读总是最重要的事情。设计言几又荟聚店的时候，峻佳一直在考虑：如何给读者更好更美妙的阅读体验？在满天星的夜空下读书大概是一件最浪漫的事。于是就有了“夜星空”天花的设计，这也成了如今荟聚店设计亮点之一。

整个空间设计中最大的挑战是楼梯设计。峻佳设计在原本没有楼梯位置大胆地凭空架梯，经过精细测量和计算，在一二层楼板间开了洞，并提出了多种造型方案，到最终确定耗时六个月，使整体视觉更丰富立体。

书籍搭建的二十四桥联想

扬州钟书阁

工程档案

项目地点 中国，扬州

竣工时间 2016 年

设计单位 唯想国际

主设计师 李想

设计团队 刘欢、范晨、童妮娜

项目面积 1000 平方米

摄影师 邵峰

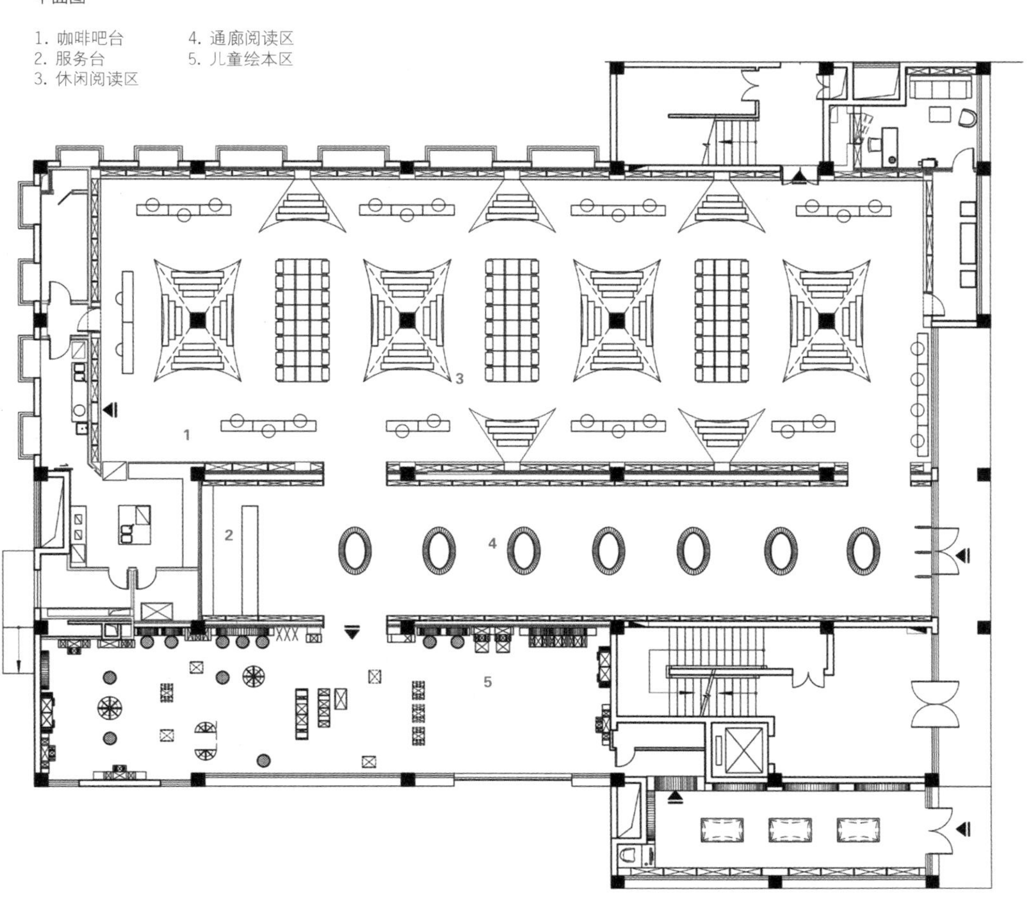

设计理念

水，万物滋生的摇篮，更是文化孕育的温床，扬州应水而生，过往熙攘文人骚客应水指引来此一聚，更是才子佳人厚爱的地方。《红楼梦》中林黛玉思乡想到“春花秋月，山明水秀，二十四桥，六朝遗风”，不知引发了多少人对二十四桥的联想。2016 年，钟书阁也被这个天灵地杰的地方吸引而来，更愿以己之魅力丰富扬州之美！

钟书阁扬州店就坐落在水边树前美丽的珍园里。秉承着以往庄重而富有戏剧化的同时，我们还融入了这历史文化古城生长中不可缺少的元素作为主要设计牵引——桥梁。它曾是文化、商业聚集此地的牵引坐标，同时也代表着书店是人与书籍的纽带。

设计说明

走入扬州钟书阁的正门是书店的前厅通廊，设计师利用拱桥的概念延续了钟书阁书天书地的视觉符号，地面与天空中的河流铿锵前行引领者读者深入更加浩瀚的知识海洋。两厢的书架用优美的弧线结构拉伸天际线的形状，宛如溪流之上的桥梁，搭建着人与书籍之间的那座心灵桥梁。进而向前，在右侧则是更加广阔的书籍之地，设计师通过研究拱桥及河流的关系，从而得到了一个上下镜像的空间关系，利用各种拱形来连接各个区域，让每一位读者进入这个空间的时候能够充分的感受到在这空间带来的震撼力，加上温和的灯光所带来的神秘感，会让读者不由自主地想起桥下的波光粼粼，使人能够心情平和地享受读书的快乐。由波澜起伏连接而成的空间更保留了足够的尺度，作为读书分享会时读者坐在一起分享的场地。

PRAY
有？把酒
何年。

在这间书房的正对面就是儿童绘本馆，为了能够体现孩子天真烂漫的天性，我们把书架做成了可拆解移动的玩具形式。墙上的书架底部部分都可以自由从墙上分离出来并同时兼顾摆书台的功能，当需要场地活动时，它们又可以移回墙面归位到书架里，合成一个城市的街景图案，并融入了扬州的街景文化，通过五彩缤纷的颜色来活跃整个空间。使得儿童一旦进入这个空间，就像来到了一个卡通版的扬州城市一般。从童书馆的一个拐角探出，就会到达一个小巧精致的玩具馆，整齐陈列着成人与儿童的各种学习用具。这就是丰富多采并秉承着扬州文化故事的扬州钟书阁!

心灵的定居

止间书店

工程档案

项目地点 中国，长沙

竣工时间 2016 年

设计单位 水木言设计机构

主设计师 梁宁健

设计团队 金雪鹏、孙飘

项目面积 1200 平方米

摄影师 由水木言设计机构提供

主要材料 硅钙板、洗石子、木纹砖、铁板

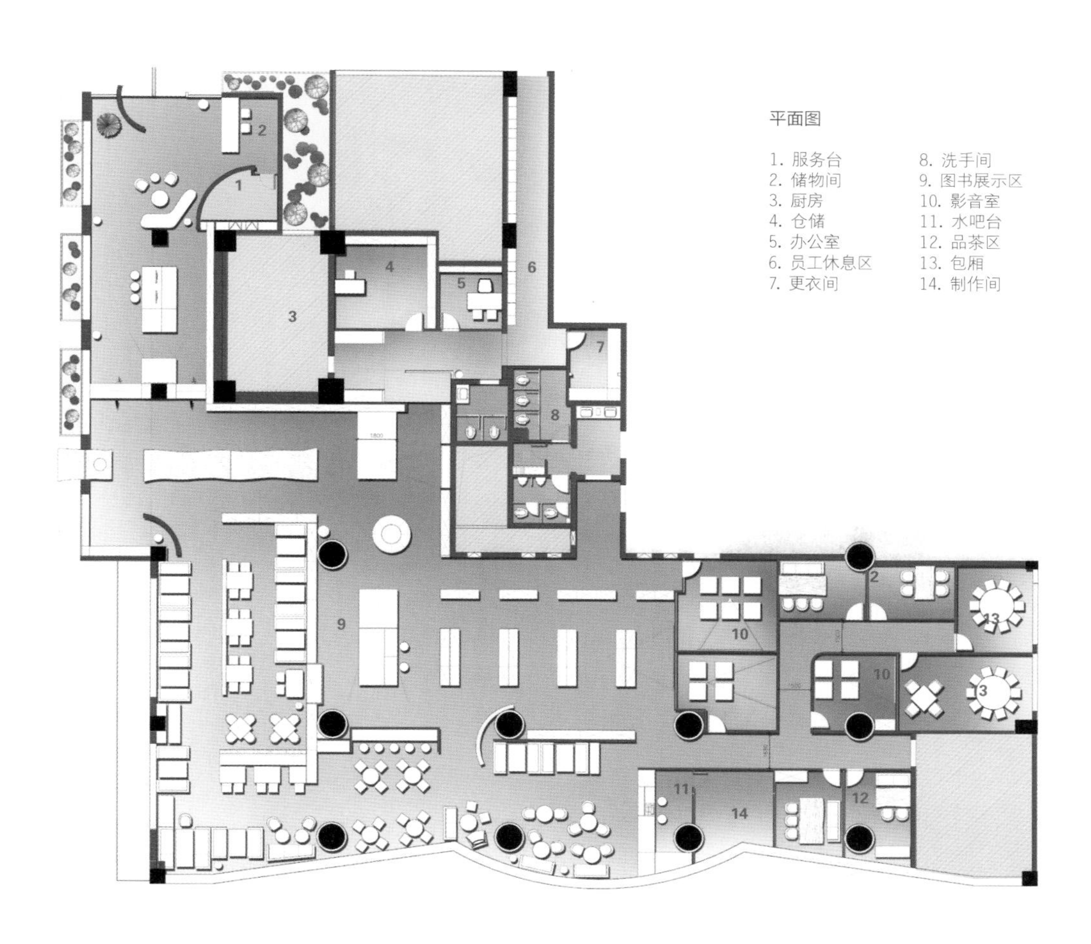

平面图

1. 服务台
2. 储物间
3. 厨房
4. 仓储
5. 办公室
6. 员工休息区
7. 更衣间
8. 洗手间
9. 图书展示区
10. 影音室
11. 水吧台
12. 品茶区
13. 包厢
14. 制作间

BOOK STORE
不止是一间书店
止间

设计理念

我们的一生都在选摘敛集属于自己的果实，刷着存在感。现代人的特征就是长久以来扮演着高傲的流浪者，他们想要无拘无束，更想要征服世界。直到在物质泛滥到令人无从安定的今天，人们才开始了解，真正的自由必须以归属感为前提——也就是心灵的定居，并归属于一个独立于家与工作的第三场所，生活才有了另一种可能。

这里就是号称长沙“最美最温暖”的止间书店。最初大家的想法叫纸间，和书店的定位更贴合；后来发现止间二字，似乎更能代表创立者的寄望，客人在这里的期待。

设计说明

空间结构，是形成人的方向感的客体。于是我们用文字屋脊去包被这个场所的顶面；朴素的地面是人们交互的舞台，与展陈结合的堆头、书墙与清爽的立面，捏合出人与止间相对稳定、友善的关系。

止间空间的特性生成，是通过笔画与文字的特殊符号化的主题转换的，我们从小对文字教育的认同感是产生归属感的前置条件，这个我们称之为审美遗传。而文创产品与书籍序列产生的方向感，其功能在于通过路径体验衍生人们的认同感。

生活風尚
人物傳記

依托于屋脊序列似的自然景象所形成的文化地景，所营造的空间场所沉静、肃穆而庄重，就像天空的遥不可及，让人们能以此为中心，去探寻内心的一种虔诚与宁静，并对止间内部的路径、领域，形成日常体验的一种习惯，并产生深处其间的熟悉，建立清晰而易于理解的秩序认同。

当我们将书的世界具体化为建筑物或构件时，便产生了文化的定居。其具体化的艺术表达，集结出文化世界中的纯粹意境，我们通过这样的艺术创作帮助人们达成心止一处的平静，从而完成止间场所精神力量的传导。

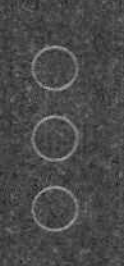

教育空间

游戏的假山

保利WeDo艺术教育机构（达美分校）

工程档案

项目地点 中国，北京
竣工时间 2017年
设计单位 建筑营设计工作室
主设计师 韩文强
设计团队 宋慧中、李云涛
项目面积 770平方米
摄影师 王宁

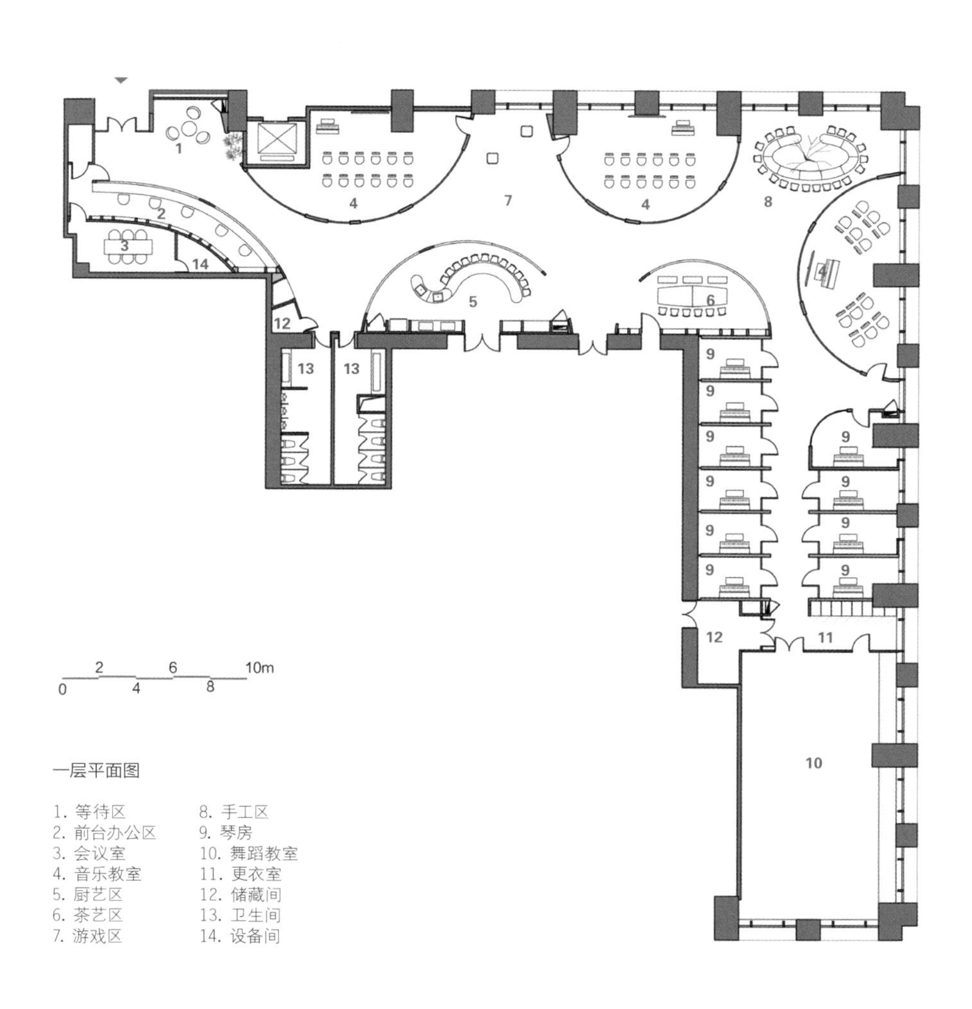

一层平面图

1. 等待区
2. 前台办公区
3. 会议室
4. 音乐教室
5. 厨艺区
6. 茶艺区
7. 游戏区
8. 手工区
9. 琴房
10. 舞蹈教室
11. 更衣室
12. 储藏间
13. 卫生间
14. 设备间

保利WeDo艺术教育
音乐·舞蹈·戏剧·书画·生活美学

设计理念

这是建筑营为保利 WeDo 艺术教育机构设计的第二家儿童教学空间，地点在北京达美中心商场的二层。该机构主要教授孩子音乐、舞蹈以及茶艺、厨艺、手工等课程，空间设计需要为上述需求提供恰当的教学场地。设计受到传统园林之中叠石假山的启发，制造一组层叠错落的“假山”，让孩子们可以在这里尽情的游玩嬉戏。

设计说明

原建筑空间平面呈 L 型，入口位于尽端一侧，由外向内流线比较长。设计采用连续的弧形墙面挤压出一条曲折迂回的走廊，打破传统直线走廊的枯燥乏味，激发孩子们探索的欲望。弧形墙面分别划分出音乐教室、接待区、厨艺区、茶艺室、娱乐区等。一系列正反拱形洞口进一步改变了各个区域之间的虚实关系，制造了层叠交错的视觉趣味。当孩子们身处于走廊之中，有时是幽暗封闭的山谷，有时是开放通透的山巅，有时则是只能容下两个孩子的山洞。音乐教室由弧形玻璃密闭，保证隔音的需求又可实现开放的教学环境。茶艺区与厨艺区由反拱形的墙面分隔，墙面就是让孩子跨越、休憩、玩耍的道具。手工区处在走廊空间的转角处，孩子们可以围坐在一棵树下做手工。九个钢琴私教教室排布在走廊两侧，每个教室被设计为一个山洞，拱形墙面有利于混音，保证教室的声学品质。走廊基本由木色包裹，部分墙面为镜面不锈钢，材料的反射可以增加空间的进深感，以提升材料体验的趣味性。

走廊的尽端为舞蹈教室，设计将其定位为一个与木色空间形成对比的 “室外空间”。建筑原本的结构管线全部裸露，地面铺设的灰色地胶在临窗的地方蜷曲成为座椅。通透的落地玻璃、落地舞蹈镜与室外街边的树木掩映成趣，室内外场景自然连接。

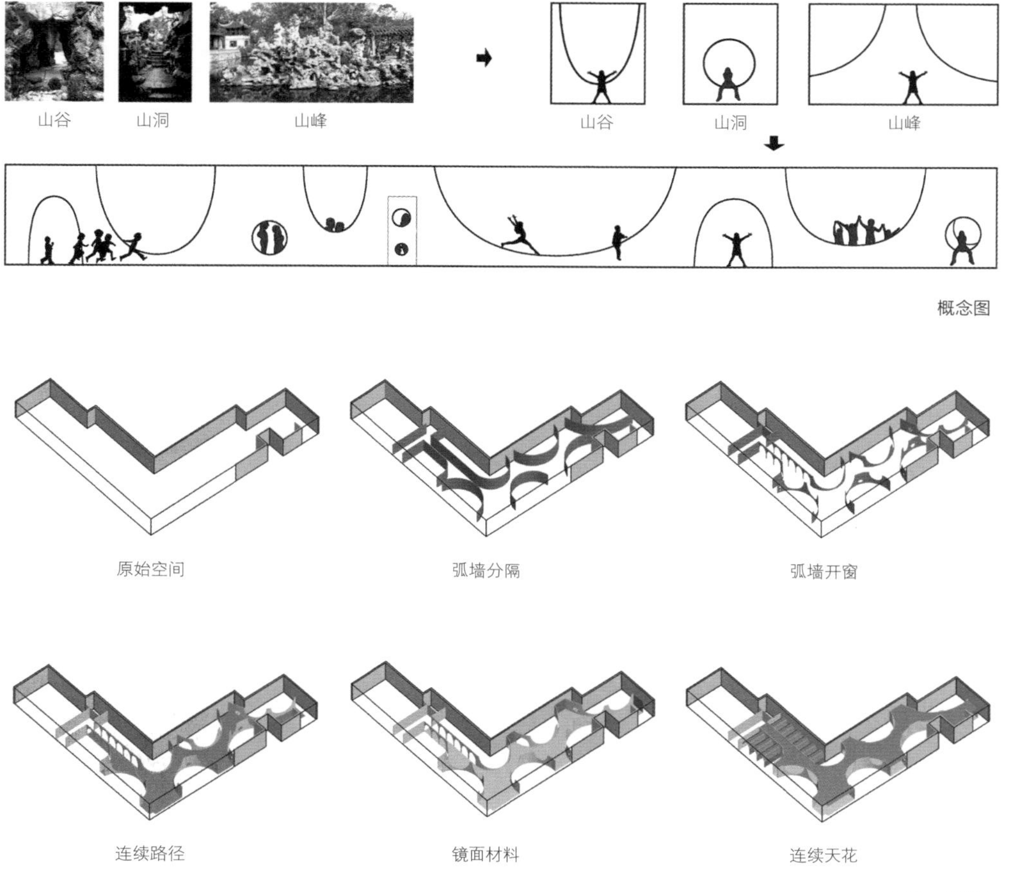

概念图

方案过程图解

飞屋环游记

红花幼儿园

工程档案

项目地点 中国，遂宁
竣工时间 2016年
设计单位 志森创意
主设计师 王渝萍
设计团队 韩文强、宋慧中、李云涛
项目面积 800平方米
摄影师 李恒
主要材料 地板胶、多乐士乳胶漆、吸音板、软木板

一层平面图

1. 生存训练营
2. 生活体验区
3. 小试听间
4. 攀岩区
5. 咨询区
6. 科学实验站
7. 美术室
8. 卫生间

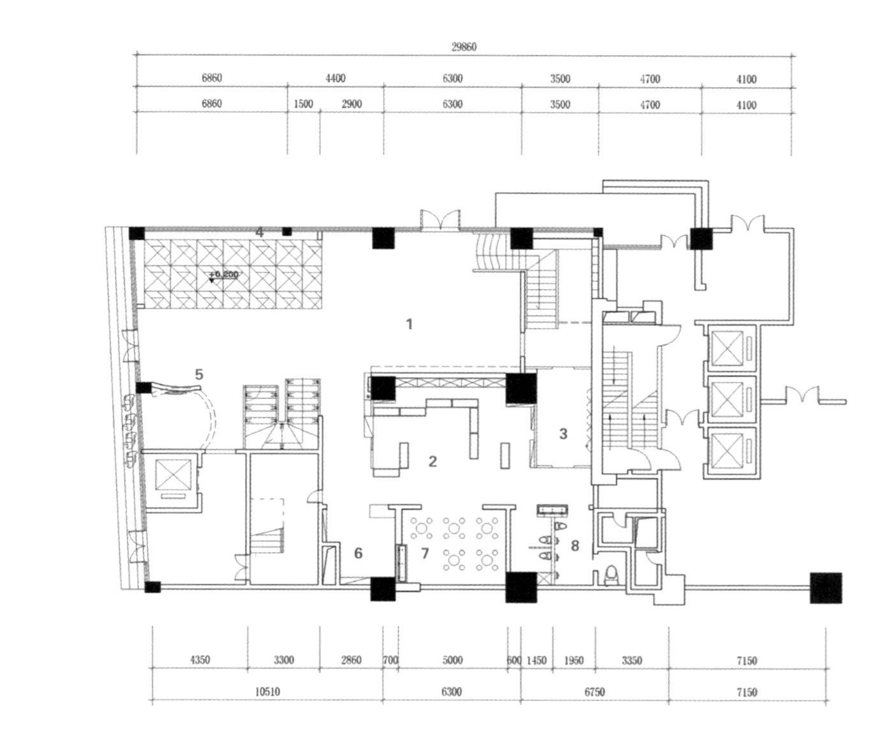

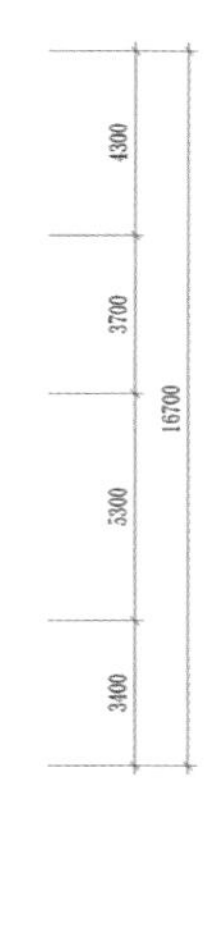

设计理念

幼儿的想象力是我们无法比拟的，同时也是他们最可爱且可贵之处。红花幼儿园，十五年的人文积淀，吸纳了百年验证的蒙台梭利教育精髓，此次设计园方希望能够表达出“希望”对于幼儿的意义。

儿时的我们，都喜欢气球鲜艳、美丽、可爱，最重要的是它代表着智慧、希望、勇气，这与电影《飞屋环游记》主题相契合，因此设计师主要以电影《飞屋环游记》为设计灵感对幼儿园展开设计。

仁爱之家
遂宁市红花幼儿园
SUINING CITY HONGHUA KINDERGARTEN
培养心智健全 人格完善
具有华夏美德及未来能够
承载人类责任的社会精英

幼儿园在空间中大量运用石塑地板铺设，关怀幼儿身心。在美术室里，运用灯光的效果，点亮小画家的梦；气球装饰和可贴照片，美观实用。在空间中，独特的气球作为吊顶，呼应主题，营造梦幻氛围。

色彩斑斓的立体空间，带给宝贝无限遐想。厨艺吧的设置，教会孩子们如何生活。在空间的小医院，孩子们可以学会照顾自己。蒙台梭利教学柜，印证百年教育理念。攀岩的墙壁、蒙氏体验教学教具，实现希望需要勇气。由于层高较高为缓解层高问题，使用缓坡屋顶，增加光源并避免灯光直射。在不同班级名称的设置中设置了不同的名称，引导孩子向着寓意出发。

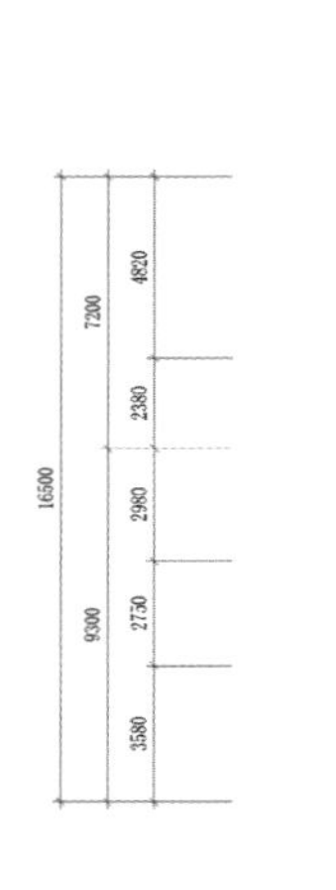

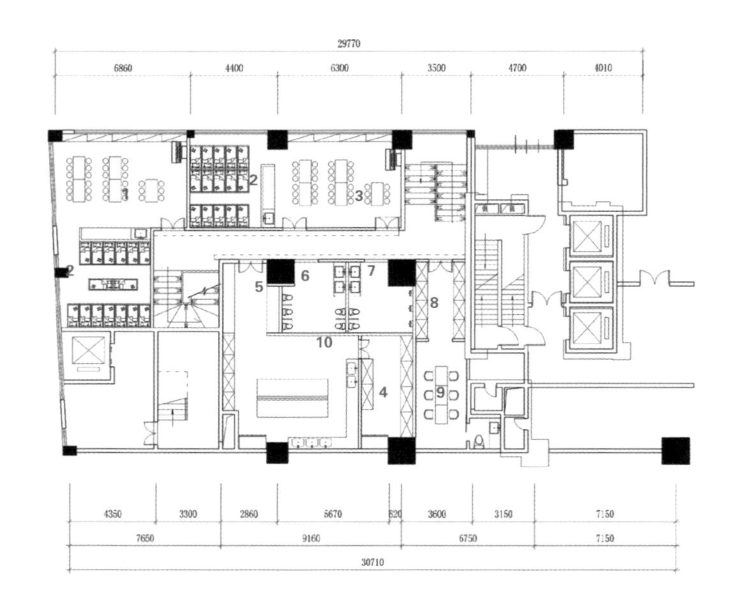

二层平面图

1. 小班
2. 休息室
3. 大班
4. 库房
5. 分餐台
6. 女童卫生间
7. 男童卫生间
8. 储物间
9. 办公室
10. 厨房

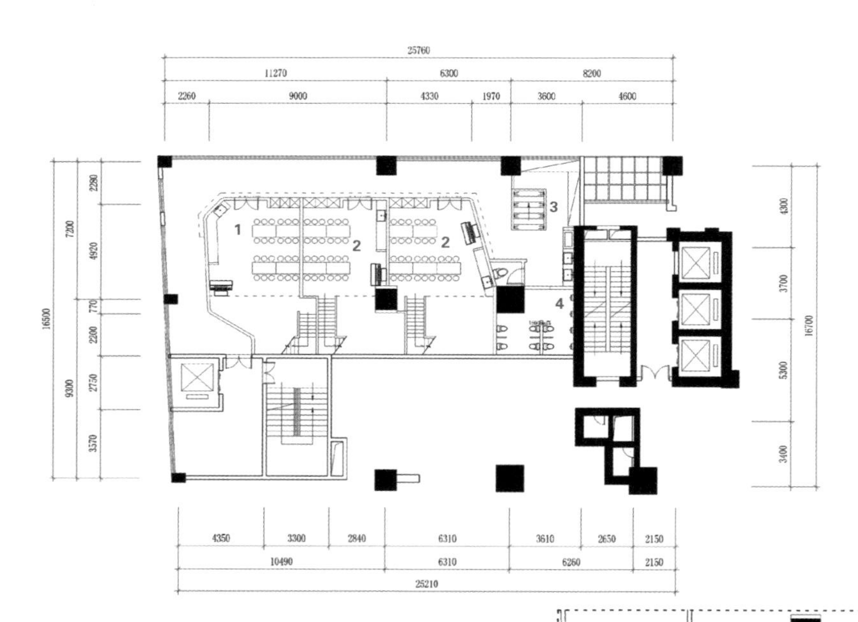

三层平面图

1. 学前班
2. 大班
3. 工具室
4. 卫生间

疯狂动物城

亚马逊幼儿园

工程档案

项目地点 中国，成都

竣工时间 2016年

设计单位 志森创意

主设计师 王渝萍

项目面积 600平方米

摄影师 李恒

主要材料 地板胶、多乐士乳胶漆、吸音板、软木板

平面图

1. 接待区
2. 洗手间
3. 教室
4. 办公室

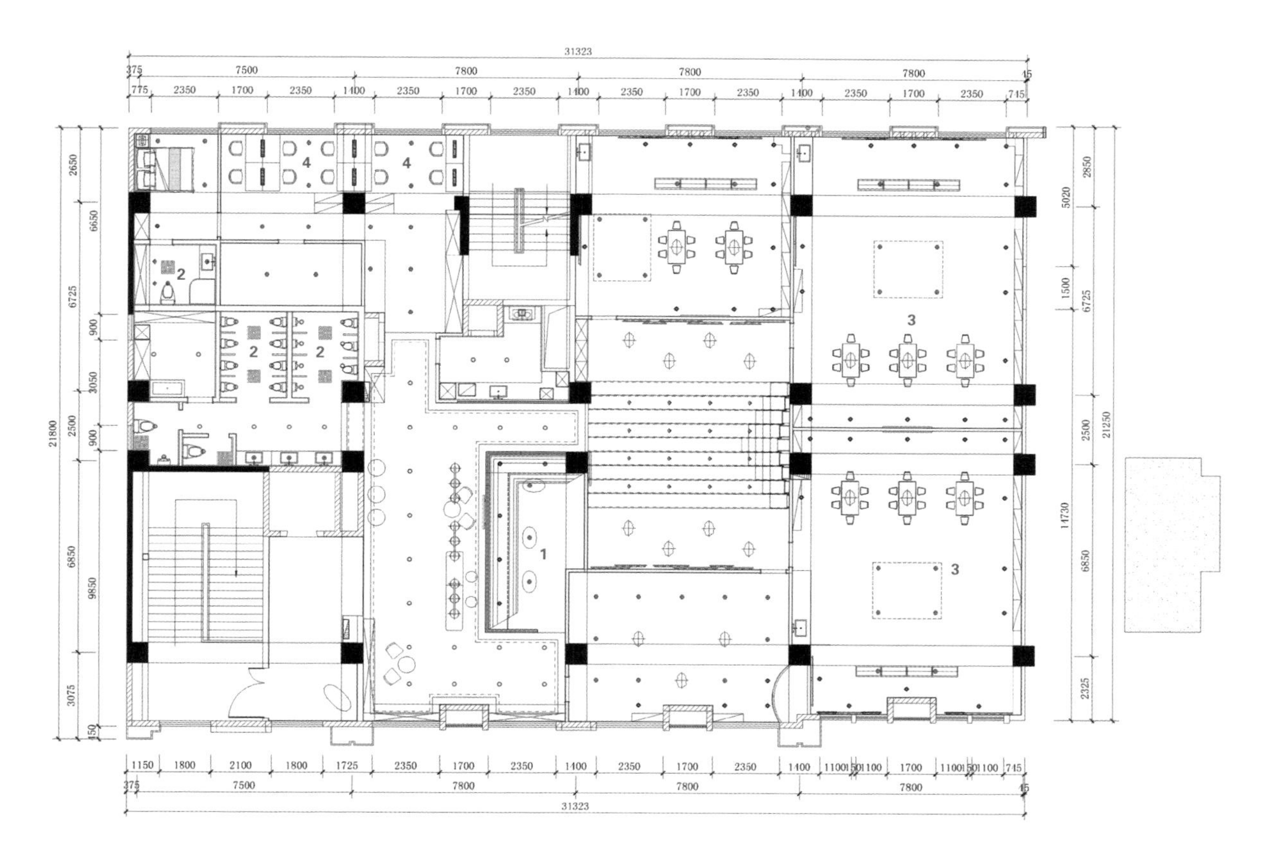

设计理念

智慧、勇敢、美德、欢乐，这是一组形容热播动画《疯狂动物城》的词语，同时也是志淼创意对早教中心以及幼儿园的定义词。在《疯狂动物城》热映之前，我为亚玛逊历奇早教中心打造了一座“欢乐城”，森林、山野、云端、海洋、彩虹穿插其间，只为给予幼儿最为自然且欢乐的环境，激发幼儿的智慧、勇气、美德、童趣。

设计说明

在空间里利用山形剪影的造型，不仅营造自然氛围，体现了层高，也让孩子们有身处自然的感觉。在接待区设置玩具，方便在与家长交流的同时，给与孩子安全玩耍的区域，同时可以观看孩子的一举一动。彩虹吊顶，不仅调和出梦幻材料，更解决楼层过高的光线问题。树林状吸音材料铺设，优美梦幻，减少回音。卫生间采用海洋的色彩，深海卫生间设计斑斓祥和；低矮彩色盥洗盆和镜子设置，使空间更加有趣，并匹配幼儿生理。

推
119
urchin
turtle
squid
seahorse
octopus
dolphin

爱
义
平
仁
礼
和

【深海卫生间设计，视觉祥和，低矮彩色面洗盆和镜子设置，使空间更加有趣，并匹配幼儿身高】

贝儿多幼儿园

工程档案

项目地点 中国，遂宁

竣工时间 2015年

设计单位 志森创意

主设计师 王渝萍

项目面积 500平方米

摄影师 李恒

主要材料 乳胶漆、马赛克、石材

平面图

1. 接待区
2. 洗手间
3. 教室

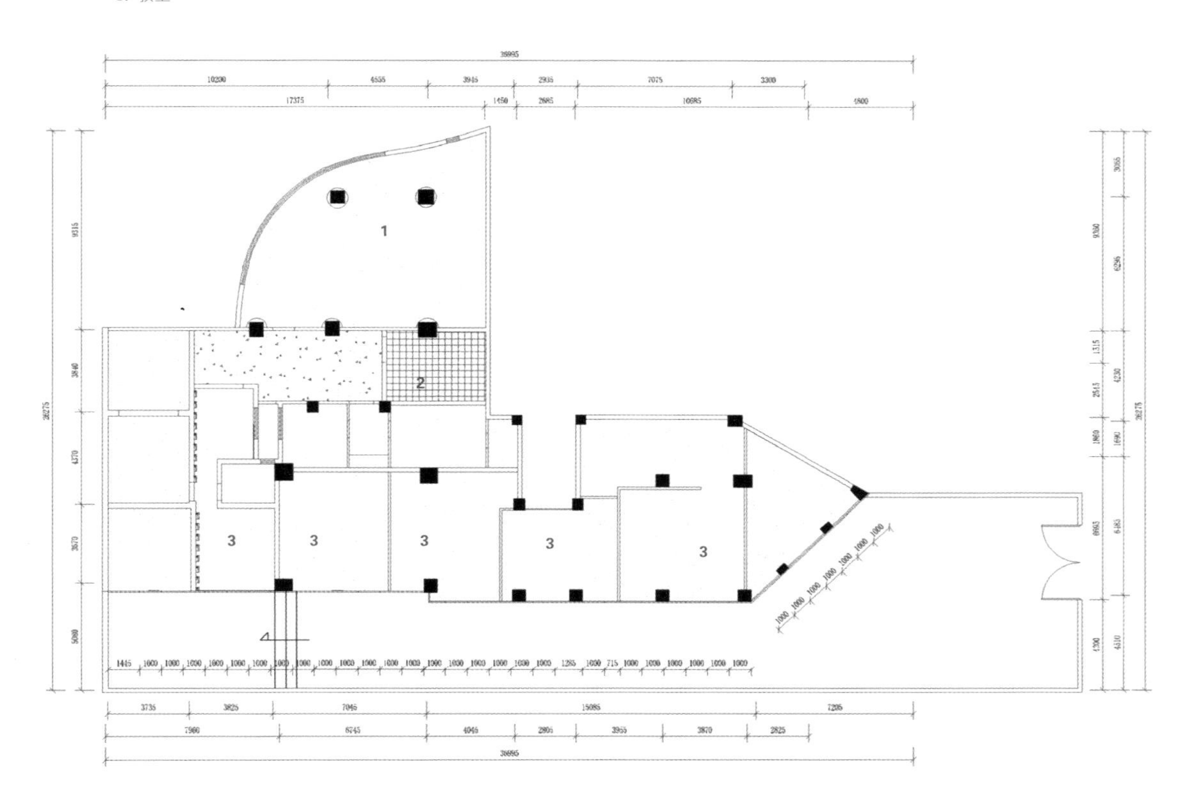

设计理念

每个孩子都是家长非常珍贵的宝贝，我们希望孩子能在幼儿园得到爱、学会爱，找到自己的梦想并对之饱含希望。为了能体现为贝儿多提炼出“爱、希望、梦想”的品牌理念核心，因此，为贝儿多设计采用的主题是《绿野仙踪》。

作品展
CLEAR BAG
CLEAR BAG
CLEAR BAG
CLEAR BAG
CLEAR BAG
CLEAR BAG

BERDO
BERDO
BERDO
BERDO
BERDO
益智区
识字区
桌子
电脑
地铁
火车
公交车
书本
比赛
难过
花盆
规定
黄豆
创意
云彩
图书馆
办法
椅子
土豆
早餐
枣子

设计说明

空间使用了梦幻柔和的吊顶色彩从而启发幼儿思考，开发幼儿智力，是幼儿园的本职。设计师设计了星空吊顶，不仅是主题需要，更是为了引发幼儿对于世界的思考，然后循循善诱之。幼儿园设置了彩色的小型跑道，在增强幼儿体质的同时强化幼儿对颜色的感知，从而激发宝贝们对于色彩的遐想逐步完备对世界的认知。

在空间里，设计师大量运用透明玻璃材料，在延伸空间的同时，也起到了保护幼儿视力的作用。透明玻璃材料使室内阳光充足，在阳光充足的环境，不仅能培养幼儿阳光、开朗的性格，还能为幼儿提供更多的与自然接触的机会，只有这样，宝贝们才会好奇自然、感恩自然，才会懂得去爱、拥有梦想、坚持希望。而这也正是贝儿多品牌理念核心的体现。

知识方印

同济大学浙江学院图书馆

工程档案

项目地点　中国，嘉兴

竣工时间　2015年

设计单位　致正建筑工作室、同济大学建筑设计研究院（集团）有限公司

主设计师　张斌

设计团队　陆均（方案设计）、袁怡（初步设计、施工图设计）、王佳绮（室内设计）、何茜（景观设计）、李姿娜、王瑜、黄伟立、毕文琛、刘莉、叶周华、顾天国、仇畅、石楠、李晨、黄瑫、游斯佳

项目面积　30840平方米

摄影师　页景

主要材料　透明水性氟碳涂装清水混凝土、黑色抛光混凝土、干挂花岗石材、平板玻璃、烤漆玻璃、镜面不锈钢板、穿孔镜面不锈钢板、烤漆铝板及铝型材、型钢、PVC膜材、水磨石地面

场地平面图

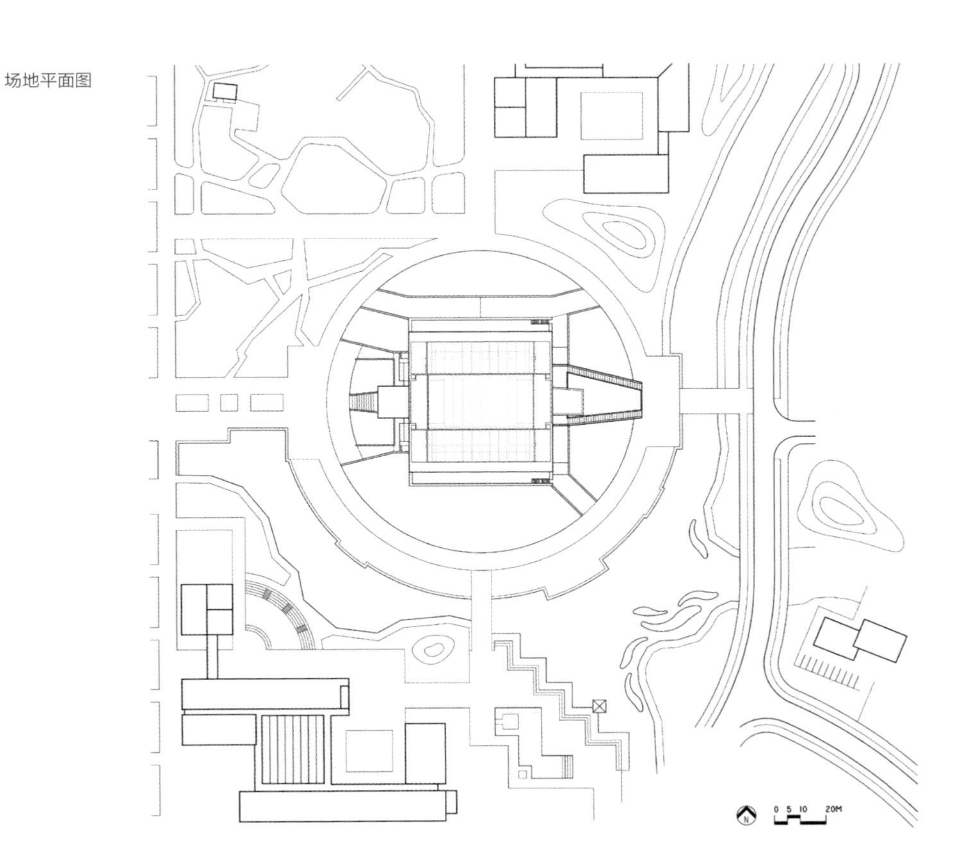

设计理念

图书馆位于浙江学院校区东西向主轴线正中的一块由环路围绕的圆形场地上，西侧正对校园主入口，南侧及东侧有河道蜿蜒而过，并通过两座桥梁与对岸相连。图书馆在校园规划中的核心位置以及它所需的体量决定了它是整个校园中唯一的“纪念物”，而这种纪念性将使它能支撑起这个校园的空间结构。这样的外部要求使我们坚决地将图书馆的体型定义为一个完整的立方体，如一颗方印落在校园的中心位置，以“独石”的姿态嵌固在圆形的微微隆起的场地中，只有西侧的主入口前厅以及东侧盖住后勤入口的室外草坡及小报告厅从独石中伸展出来。西、东两侧的主次入口前空间如同隆起场地中整理出的堑壕一般将人引入建筑内部。而如何在校园中营造一块足够开放的独石就成为设计的核心挑战。

设计说明

图书馆的方形体量其实是由南北两侧相对独立的两栋板式主楼和它们之间的半室外开放中庭组成。中庭的底部从地下层至三层横亘着一条由一系列大台阶和绿化坡地组成的往复抬升的地形化的景观平台，沿东西方向伸展，将门厅、接待台、大小报告厅、展厅和低层的综合阅览空间等主要公共部分组织在一起。这个半室外中庭是室内外连成一体的，它既能经由西侧架在水池上的主入口通过门厅到达，又可从东侧延伸到河边桥头的室外绿坡直接走到二层平台自由进入。景观平台的上方在东西两侧的不同高度分别设置了数组斜向四边形断面的透明或半透明管状连接体联系南北两侧，内部布置为电子阅览区或会议、接待空间。这使居于建筑内部深处的中庭空间维持了足够的开放度，可以成为校园主轴线上的重要公共空间，它既串联了建筑内外，又在建筑内部提供了依托于中庭体验的多种场所空间。

建筑沿垂直方向分为三大功能区：一至三层及地下层的公共部分；四至八层全部为复式开架的专题阅览部分；九层、十层分别为研究室和社团活动室，以及带有空中庭院的校部办公室。地下层在南北两侧与圆形土丘相接处设置了通长的下沉采光及通风庭院，以改善地下室的气候条件。开放式中庭顶部设有电动开闭屋盖，借“烟囱效应”有效控制中庭内的空气流动，增进了整个建筑内的自然采光通风，同时保证了中庭内部的气候可控。设计意在通过对开放式中庭和立体景观系统的设置，在建筑中实现一个形态立体化、功能多元化的绿色生态环境和公共交流空间。

立面与材料处理延续了建筑整体上简洁与复合并举的特征。东西立面为暖灰色的石材幕墙与石材百叶的组合，使实体的山墙面与中庭的半透明围护面相统一；南北立面除东西两侧包裹空调机平台的扩张铝网板外，其余都是带有水平不锈钢遮阳板的玻璃幕墙；开放式中庭上空悬浮的南北连接体量外包不锈钢板或玻璃；地形化景观平台的侧墙采用手工抛光的黑色混凝土，并与黑色水磨石的台阶、平台铺装相统一；室内的核心筒和柱子等结构构件均为混凝土的真实表露。

独立的儿童世界

西安陆港第一幼儿园

工程档案

项目地点 中国，西安

竣工时间 2015年

设计单位 尚辰设计

主设计师 康博然

项目面积 450平方米

摄影师 尚辰设计

主要材料 塑胶地板、木地板

一层平面图

1. 入口
2. 展示厅
3. 儿童活动区
4. 消防控制室
5. 教师休息室
6. 洗手间
7. 活动室
8. 休息间
9. 职工餐厅
10. 多功能活动室
11. 医务保健室
12. 隔离间

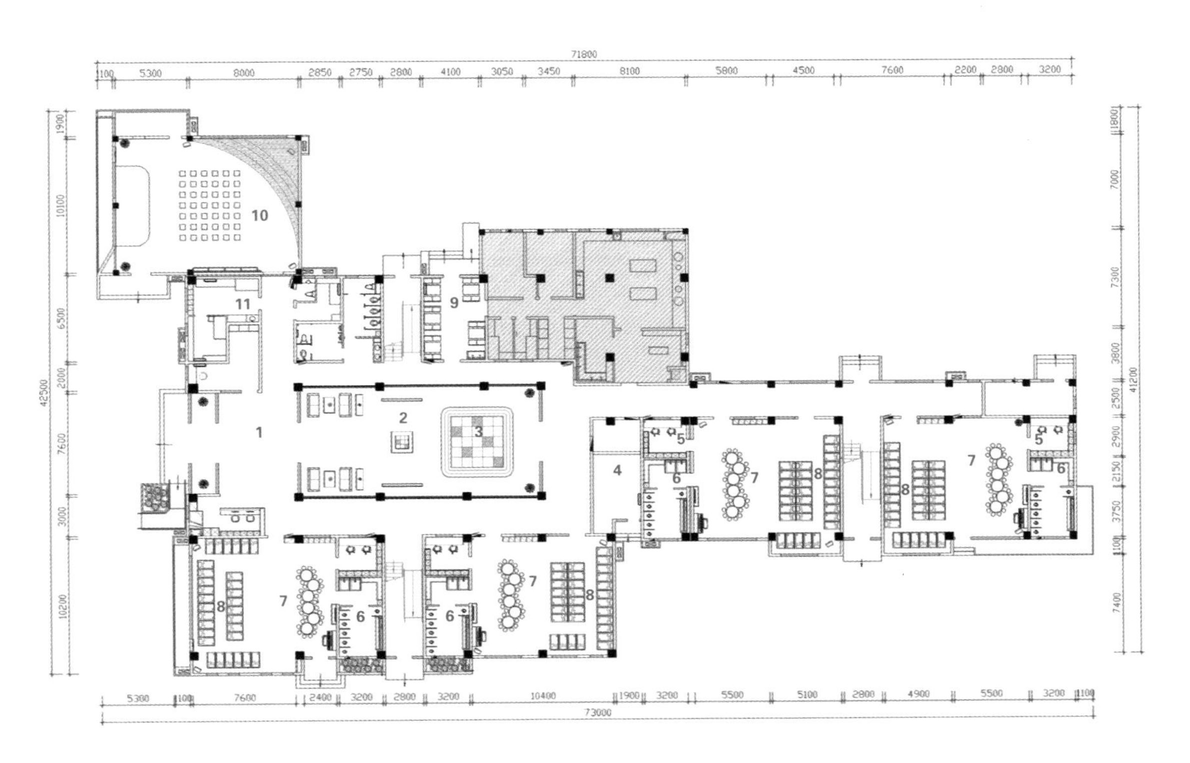

设计理念

幼儿园这样一个大家庭对孩子健康发展的影响是举足轻重的，幼儿园的室内设计有利于引导、支持幼儿的各种活动。孩子们有自己独特的心理。他们渴望被认知、被称赞。特别是学龄前的幼儿喜欢模仿，认识新事物，但如果在一个完全错误的环境中长大，必然将影响他一生的成长。据调查，和睦家庭儿童心理状况不佳的只占 4.8%，不和睦家庭儿童心理状况不佳的占 13.5%。由此可看出，生长环境对孩子健康发展的重要性。

本案是以蒙氏教育为基本理念、以儿童为主——为孩子打造一个以他们为中心，让他们可以独立“做自己”的“儿童世界”。

西安国际陆港
第一幼儿园
ITL No.1 Kindergarten

二层平面图

1. 财务室
2. 园长办公室
3. 卫生间
4. 幼儿图书阅览室
5. 多媒体教室
6. 教师办公室
7. 配餐间
8. 活动室
9. 休息区
10. 早教室
11. 教师休息室

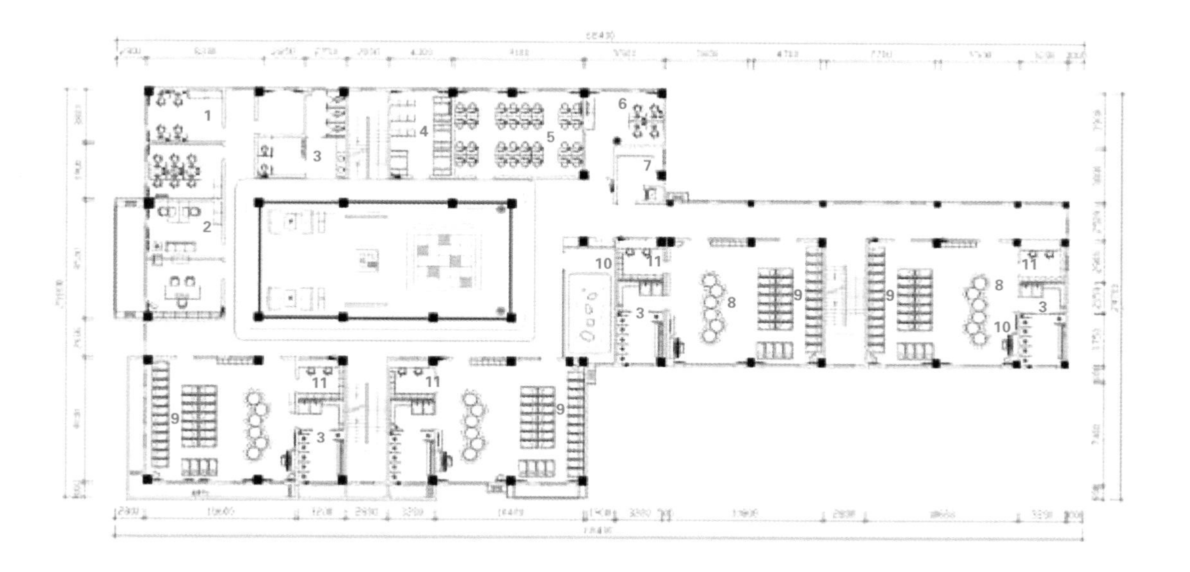

三层平面图

1. 教师办公室
2. 教师资料室
3. 洗手间
4. 会议室
5. 幼儿美公室
6. 科学发现室
7. 洗衣房
8. 配餐间
9. 教师休息室
10. 活动室
11. 休息室

设计说明

本案巧用色彩来辅助建立了一个以儿童为中心的小世界。色彩对儿童的影响，较多地体现在心理上。世界范围的心理学家都认为颜色神奇地影响着人的心理状态。不同的色彩对儿童的心理刺激不同，左右儿童的知觉、情感，使人产生不同的心理感受，活泼或忧郁、兴奋或沉静、轻松或沉重。儿童生活环境的色彩与其智力发育、个性发展、情绪好坏等有着极大的关系。

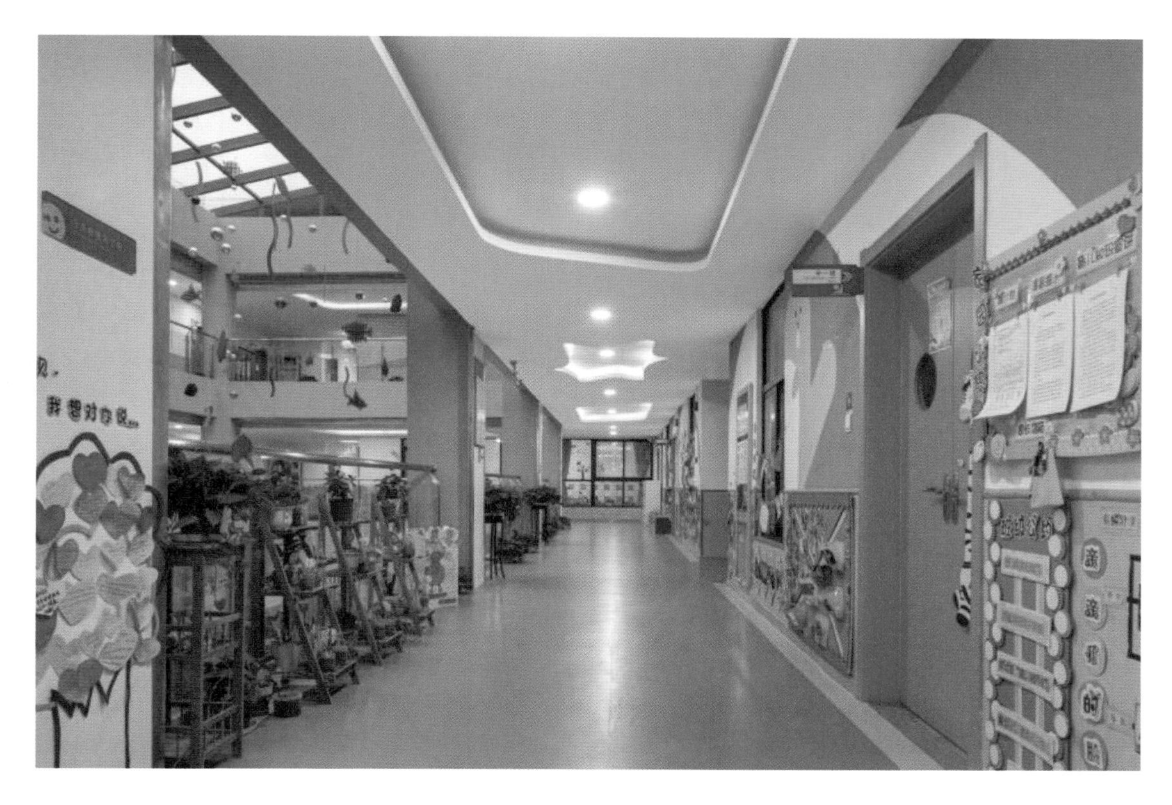
我想对你说...

Good
Friend

本案设计重点打造空间：中庭、教室、早教室、多功能厅，整体造型十分的梦幻，有一种走入童话中的失真美感，各种柔和亮丽的色彩进行搭配，保证了空间的活力同时又不会过于刺眼，各种造型仿佛身处于森林之中，桌椅的四角都是圆滑的，确保了儿童的安全性，让小朋友都能沉浸其中，爱上这里的氛围！

北师大附属长乐一号幼儿园

工程档案

项目地点 中国，西安

竣工时间 2015年

设计单位 迪卡幼儿园设计中心

主设计师 王俊宝

设计团队 欧吉勇

项目面积 3000平方米

摄影师 张晓明

主要材料 草皮、塑胶地板、实木地板、彩色玻璃、造型灯饰

平面图

1. 教室
2. 教师办公室
3. 小动物舍棚
4. 沙池
5. 戏水区
6. 彩虹跑道
7. 室外滑梯组合

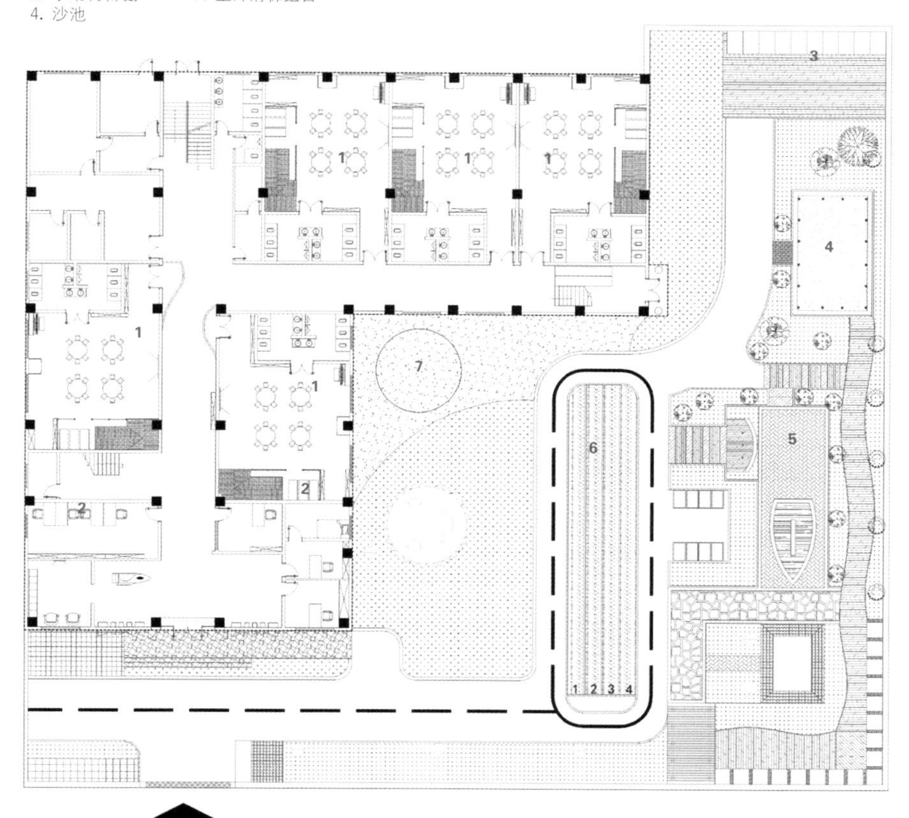

设计理念

当设计回归自然，孩子眼中的世界就会回归自然，绿油油的草不只是长在地上，还能长在墙上。培养孩子环保意识，用行动去做大自然的朋友，去珍惜自然资源。苍穹之下，还孩子一个蓝天。设计师致力于培养幼儿生态环保意识，这在本案例的设计中有诸多体现。

X
Q
8
让
育
帮
合
力
爱
学
助
人
尊
睦
信
礼
友
容
得
文

设计说明

室外活动空间和外立面大面积的绿色草皮设计，营造与大自然亲密接触的舒适空间感受。与园外日益恶化的生活空间产生强烈对比。经过艺术处理后的园区变成一处开阔灵动的梦幻空间。

墙面上奔跑的长颈鹿和大象、飞翔的大雁与白鸽、游行的海豚与海星营造一个和谐共处的生态乐园。巧妙的引导孩子树立正确的自然观，从小关爱大自然、善待大自然，动物是人类亲密的朋友，而人类也是动物信赖的伙伴。顶面大小各异的彩色方块仿佛一个个跳动的音符，文字与数字踏着音律钻进孩子记忆，空气中萦绕着优美的旋律，流淌出满眼的愉悦和欣喜。圆圈造型的隔断设计增添了许多趣味性。艺术处理后的动线空间变为新奇的趣味空间，充满活力又富有童趣。孩子们在学中玩，玩中乐，乐中成长。

CHANG
LE

楼群中的童趣绿洲

兰艺悦幼儿园

工程档案

项目地点 中国，兰州

竣工时间 2015年

设计单位 迪卡幼儿园设计中心

主设计师 王俊宝

设计团队 欧吉勇

项目面积 1200平方米

摄影师 张晓明

主要材料 草皮、塑胶地板、实木地板、焗油玻璃、乳胶漆、壁纸、鹅卵石

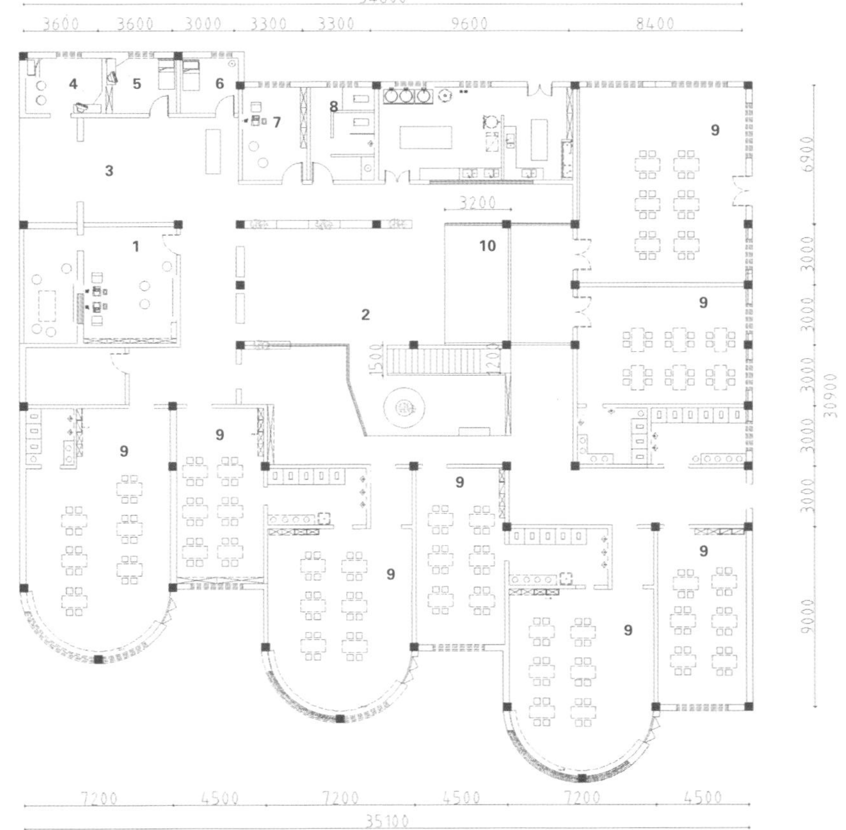

平面图

1. 园长办公室
2. 中庭活动大厅
3. 接待大厅
4. 值班室
5. 晨检室
6. 隔离室
7. 财务室
8. 卫生间
9. 活动室
10. 一层表演舞台

设计理念

本案是小区售楼部改造幼儿园，该建筑与周围高楼建筑环境有所差异。设计师为了让幼儿园与大自然环境协调一致，在楼群中间打造一片绿洲。整个设计的价值就体现在建筑与周边环境的协调共生上。绿地环境让孩子觉得很亲切，同时减少了周围大型建筑给孩子带来的视觉冲击力。

兰艺悦幼儿园
KINDERGARTEN

设计说明

整个布局拥有开放式的设计，它围绕中央区域展开。人行道从接待厅一直延伸到花园之中。在南侧楼梯区角设计师设计了 DIY 作品展示区，而另一端利用过道空间设计了家长休息区。北侧为专用房间，美术陶艺室、教学室。正东面布置了一架钢琴，钢琴上方利用阁楼空间设计了图书室。每个空间得到合理利用，动线清晰格局创新。

最值得一提的是中央花园区域。采光天窗为中央区域提供足够的照明，增加了孩子与蓝天白云的对话，生态木墙饰打造的木屋的意境，绿草、石子、木条拼成的环保绿植地面，悠悠琴声余音绕梁。想象一下老师带着孩子坐在草地上歌唱，温暖的阳光洒满孩子的脸庞，多么生动和谐的画面。环境的渗透有动静、有虚实，画面色彩均匀悦目，透出一股神韵，氤氲着一种浓郁“荷塘月色”的诗意。月亮是荷塘里的月色，荷塘是草地上的想象，木屋是童趣的玩伴，星星是孩子的眼睛，欢笑是幼儿园的旋律。孩子们与环境产生了知觉感应，孩子的想象力和创造力得到大大的提高。

改造前的墙面已做处理，设计师为了避免资源浪费，教室墙裙采用软木包裹，墙面贴条状生态墙纸，既安全实用，又环保美观。

幻想乐园

上海金丝猴集团小剑桥双语幼儿园

工程档案

项目地点　中国，沈丘

竣工时间　2015 年

设计单位　迪卡幼儿园设计中心

主设计师　王俊宝

设计团队　欧吉勇

项目面积　3500 平方米

摄影师　张晓明

主要材料　塑胶地板、实木地板、造型灯饰、乳胶漆、雕塑、文化砖

负一层平面图

1. 多功能厅
2. 淘气堡
3. 游乐区
4. 陶艺美术室
5. 办公区
6. 科学发现室
7. 储物柜

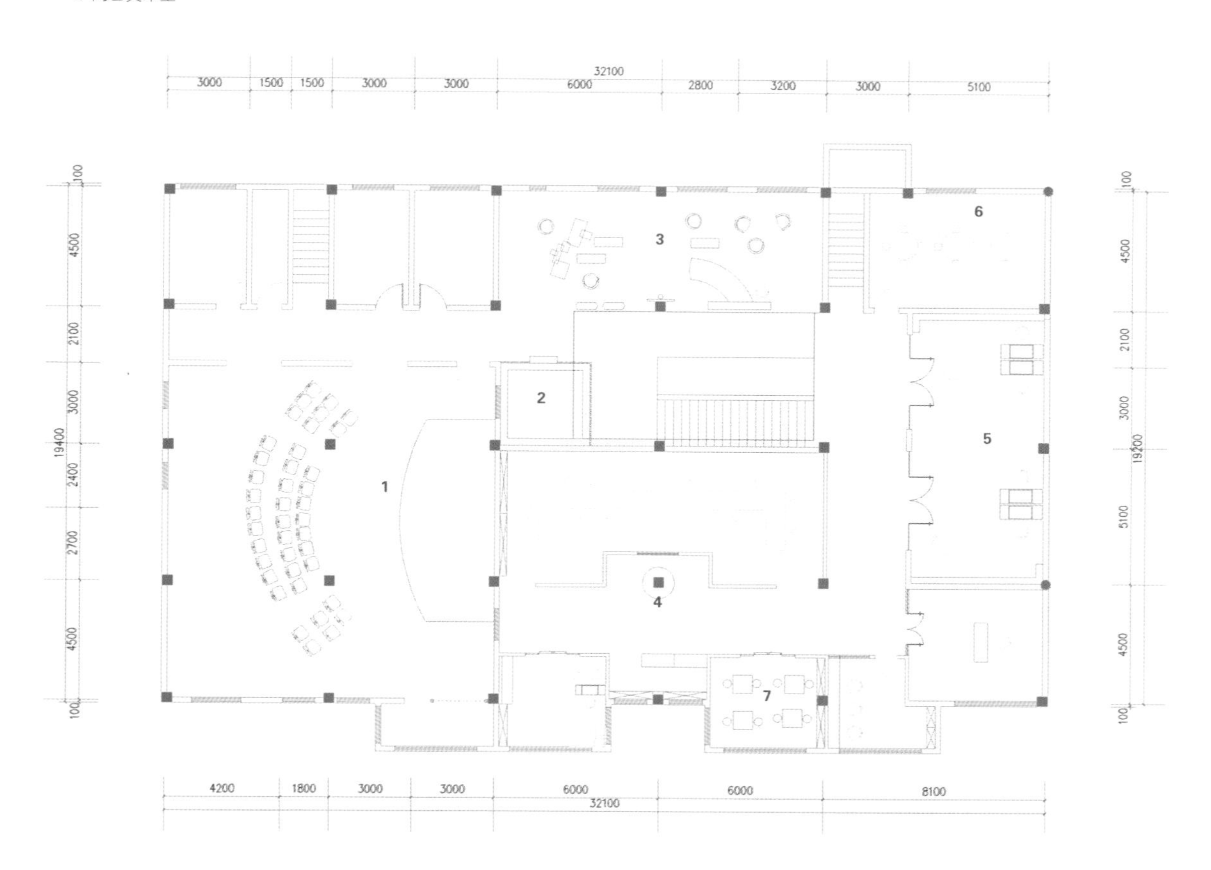

设计理念

本案占地面积 3500 平方米，是小区独栋幼儿园。设计师结合儿童娱乐天性和科学教育理念，巧妙运用声、光、气、水、色彩组合渲染氛围。针对儿童喜欢钻、爬、滑、滚、晃、跳等天性设计了系列场景。打造一个集益智、运动、趣味、健身、教育为一体的现代自然生态幼儿园。长颈鹿迷失森林的故事也从这里起源。

TOILET
012345

一层平面图

1. 洗消间
2. 加工间
3. 洗手间
4. 教室
5. 小厨房
6. 接待区

二层平面图

1. 服装室
2. 洗手间
3. 教室
4. 寝室

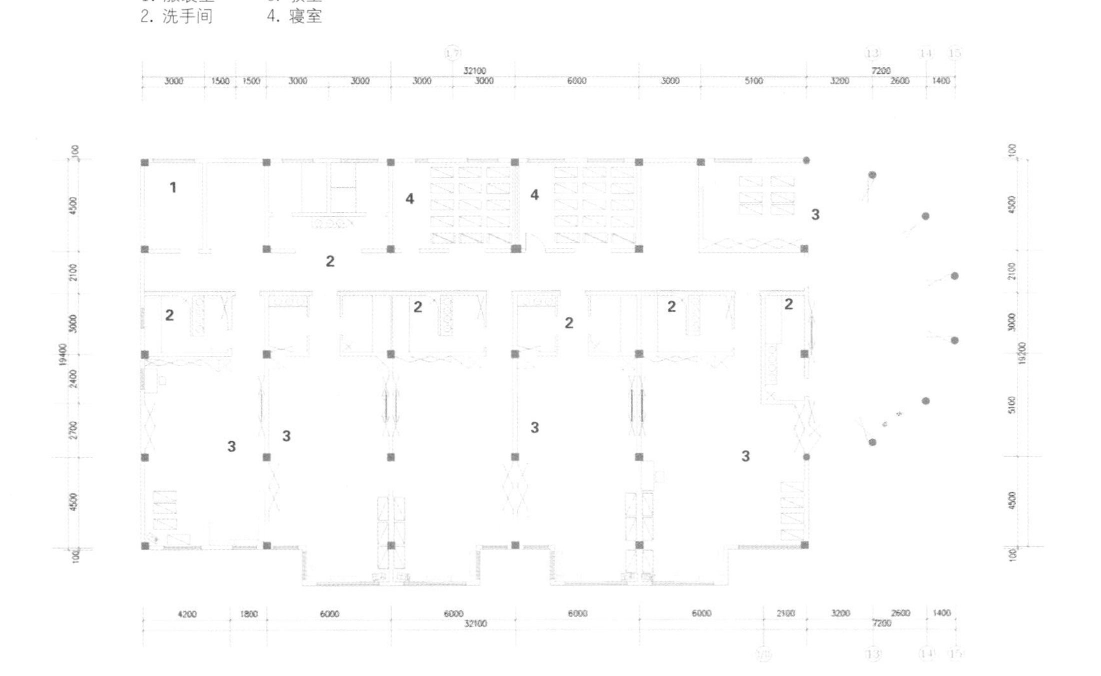

设计说明

传说很早以前，有一只长颈鹿在森林里迷失了方向，它静静聆听，有一个地方充满欢声笑语，它翘首遥望，那个地方还绿树成荫鸟语花香。远远望去，天边有一座城堡，白色的围墙透着彩色的光。长颈鹿喜出望外，迈着大长腿顺着方向来到这里——上海小剑桥双语幼儿园。它跨过没有大腿高的栅格长廊，绕过沙池和水车，越过 10 米长的圆形镂空拱洞，朝着大城堡走去。当它迈进幼儿园的负一层，被眼前的画面惊呆了。流星划破夜幕点亮星空，彩虹球在海浪里起舞，鸟儿在树枝上歌唱，树枝上开出了星光，秋千乘风荡漾，龙猫窝在吊床里酣睡，猴儿在攀岩玩耍，松鼠跟小白兔在一旁拨动着珠算盘。这时一群孩子从远处奔涌而来，长颈鹿激动不已，从一楼探出头来，大声呼喊邀请小朋友加入。小朋友从一层滑梯顺势而下，像是穿越时空进入盗梦空间，这里的窗户竟然爬上了天花板，扶手也溜达到头顶上，天真烂漫的孩子惊奇不已，携同长颈鹿一块探索这个神秘的地方。从此以后，这只长颈鹿跟孩子们都爱上了这个美丽欢乐的筑梦天堂。而在每个孩子的内心，有一颗关爱动物的种子已悄然生根发芽。

WELCOME TO LITTLE CAMBRIDGE INTERNATIONAL

监控室
多功能厅

活泼梦幻的场景为幼儿园引入了许多幻想，野生动物已成为孩子们亲密的伙伴。这个世界对于孩子来说已经足够有趣了，而我们只要给他们指点一个入口就好。去繁化简，大量留白，让孩子内心充满想象，引导孩子寻找属于自己的梦想。

展览艺术空间

『光』和『空』的意志

来院

工程档案

项目地点 中国，南京

竣工时间 2016年

设计单位 南京名谷设计机构

主设计师 潘冉

项目面积 1000平方米

摄影师 南京名谷设计机构

主要材料 钢板、砖瓦石、外墙泥灰、木板

平面图

1. 创作室
2. 书房
3. 工法组
4. 洗手间
5. 厨房
6. 资料室
7. 账房
8. 营造预想工作室
9. 阅读室

设计理念

位于城南中营的朴素古宅，与热闹的名号迥异，其实性格内向。与古城墙为邻百年，默然驻立巷口，于风雨飘摇之际被列为保护建筑得以修缮，北侧加建两栋仿古建筑共组三进式院落，入口古朴，尺度窄小，通过时低头，抬头时开朗，院内树木建筑交织映衬，和谐优雅。随机缘为名谷设计机构进驻。客观来说，仿古建造的第二进“来院”建筑基底并非优越。工艺的精准度，材料的运用不及古人的手工制作，加之缺少时间的冲刷洗练，与真迹并肩多少夹杂一丝尴尬。即便如此，它仍反映了当下这个时间空间内人们对传统最质朴的追念、渴望。

来，由远到近，由过去到现在，由传统到当代，“来院”由此得名。我们希望在传统的庭院里表达当代， 来院的构筑初衷是无组织叠加，可以是一个冥想体验空间，亦或是一个书房，直到项目完成也没有植入任何功能，创作者每天伫立院内，给予原始空间多种状态的想象，一边感知，一边营造。此时的设计变身为一种商谈，一天天内心鏖战，为的是寻找最贴切的答案。

设计说明

冥想空间半挑出旧屋基面与庭院交合，原始柱架交合透明围合介质构筑成外向型封闭空间飘浮于山水之上；内部架构以子母序列构成，颜色对应深浅二系；左右各一间窄室与居中者主次对比，凹凸相映。格局规正，妙趣横生。古与新，内与外，明与暗，传统与现代皆交汇于此，冲撞对比，和谐共生。创作者只表达光和空间，封闭原始建筑除东南方向以外的所有光源，让光线在朝夕之间的自然变化中，通过交叠屋面，序列构架等物理构筑物将虚体光线实体化，而光影随着时间的变化产生不同的角度，空间变得让人感动，由“光”将空间呈现，并埋伏“暗”增强空间厚度。仿佛孪生双子，“光”与“暗”彼此勉励、彼此爱慕，又彼此憎恶，彼此伤害。历经暗的挤压，光迸发出更强烈的力量引人深入。院内老井被设置成“地水”之源，通过圆形水器连接折线形水渠将另一端屋檐下收集而来的“天水”汇聚一处，活水流动的路线围合出一池静态山水，挑出旧屋基面的冥想空间托举而上，院内交通也由此展开，山水纯白，犹如反光板把落入院内的光线温和地送入室内顶棚。创作者在方寸之地步步投射出其二元对立的哲学思考，并企图透过这样的氛围来观察世界的真相。

设计一定是从功能开始的吗？在商业行为的催生下，越来越多的建筑被赋予功能标签，越来越多造型行为沦为一种对空间的单纯包装。胡适先生说过，“自”就是原来，“然”就是那样；“自然”其实就是客观世界。创作者固执地坚守着一方不存在商业行为的净地，从美学与环境本身开始建构，坚持院落本身的逻辑关系，不再对所谓瑕疵浓妆粉饰，功能一直处于一种不确定状态，不再追求均质照明，让光自主营造空间，交还空间表达主张的话语权。与商业决裂的瞬间无法言传处拨动心弦。不远城墙仿佛蒙着淡淡暗影，带着一丝难以察觉的微笑，气质悲怆仍有渴望。

一个艺术家的心理空间图示

留云草堂

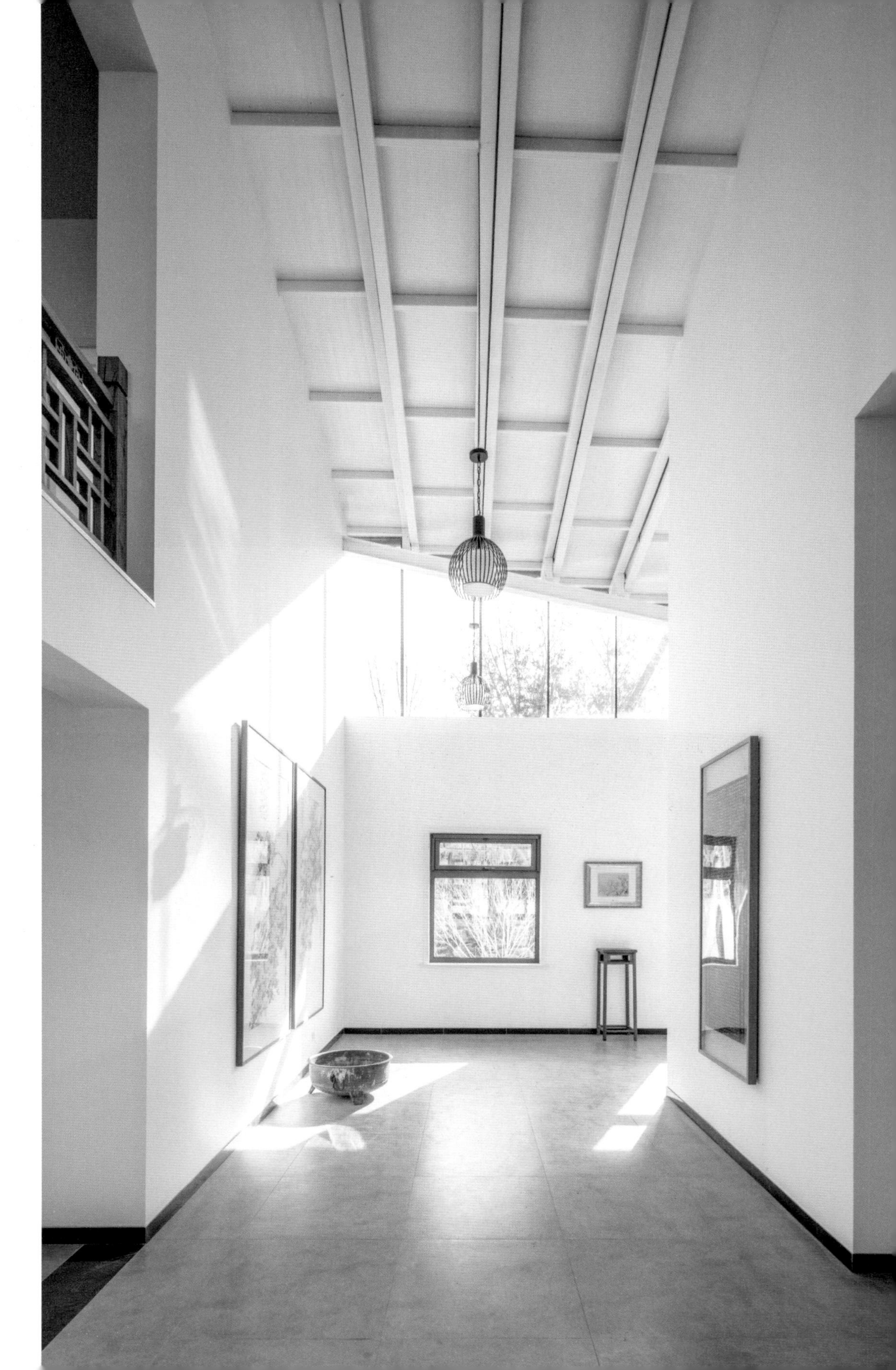

工程档案

项目地点 中国，北京

竣工时间 2016年

设计单位 普罗建筑工作室

主设计师 常可、李汶翰

设计团队 张昊、赵建伟、谢东方、崔岚

项目面积 1200平方米

摄影师 孙海霆

一楼平面图

1. 展览
2. 茶室
3. 画室 / 展览
4. 储藏室
5. 厨房
6. 餐厅
7. 卧室

设计理念

许宏泉老师是位画家，也是个既会书法，又会写书，又擅长文学评论的文人。设计师受邀为许老师将怀柔桥附近的厂房改造成他的工作室，也是他未来的家：留云草堂。

通过和许老师的交谈，设计师明晰了工作室的基本功能，无非就是工作室、茶室、卧室、书房等典型的艺术家工作室的配置。基地也是典型的条状坡屋顶砖砌厂房，之前作为工厂办公楼使用。厂房高度约 6 米，屋顶为三角形钢桁架结构，整体保存状况良好。项目的特别之处在于，许老师是同时受过东西方教育熏陶的文人，他既在大学里和年轻的孩子们一起搞艺术评论，美术史研究，又先后师从罗积叶、黄叶村、石谷风先生研习书画和美术史。所以他不是一个“传统”的画家，因为他不仅仅画画，他的文名甚至会盖过画名。但他骨子里又是个传统文人，默默坚守着中国传统文化里的文人气质和精神世界的生活。在功能的需求上，许老师点明了需要一个油画室，还需要一个国画室。两个分开的不同氛围和场景的画室。设计师找到了切入点：透视，这个典型的东西方绘画最大的不同之处。

设计说明

顺着这个透视的线索，设计师设计了一种嵌套式的生活场景。通过一系列心理分析，设计师提出了一个艺术家的心理空间图示。在这个图示中，将人最基本的睡眠、饮食等生理需要放在中心位置，中间一层为会客、展示等社交需要，最外面一层为画家最重要内心的艺术追求与需求。如果将这个心理空间关系直接投射到建筑空间的布局上，可以创造出一个嵌套递进的空间结构。通过房间角部的出口，人们从一个房间进入另一个房间，通过每个角部的开口，形成一条贯穿建筑的视觉通廊。因为这种嵌套式的平面布局，每一层的空间都包裹着另一层，到达一层空间需要穿越另一层空间，它们当中发生的事情都被另一层影响和观看，也同时彻底消灭了走廊的概念。

这种空间不免让人联想到传统水墨画中的场景，如宋朝画家周文矩的《重屏会棋图》，四个男性围成一圈下棋或观弈，在他们后方有一扇屏风，屏风中又画着一个人在一扇屏风前的榻上被几人服侍。而这一扇屏风上的透视角度使人看起来就和前方会棋的几人处在一个空间内，使人难以分辨屏风到底是一幅画还是空间的一个门框。有趣的是，这幅《重屏会棋图》最初也是裱在一扇屏风上面。这样就形成了画中之画，框中之框的三层嵌套关系，无法分清哪个是真实空间，哪个是再现的想象空间，形成了“重屏”的效果。这种空间布局也是寓意再现这种“重屏”之境。

由于厂房的周围被大量林地包围，许老师希望能把卧室和书房搬到二层，这样就能欣赏到窗外美景。于是设计师原本希望在厂房内部解决改造的想法就被打破了。在这个改变之下，设计师在加高的部分植入新的秩序来回应新的需求，采取了变坡的处理方式。一方面是因为高起的二层没必要再采用坡屋顶，这样会让高度过高，显得突兀。同时无法让加建部分和原有厂房历史形成某种区分和对话关系。透视的主题也由这个外在的形式暗示扩展到了二层。另一方面，设计师也觉得通过变坡的方式是对传统意境的一种转译。设计师想象着在雨中，雨水落在由缓及陡的屋顶上，自由落水的洒向院子。借由着这个坡屋顶，搭建出一个水与重力表演的舞台。坡顶最初打算做成一个纯粹的双曲面，但是限于厂家工艺和造价的限制，最终选择了分段折面的屋顶形式，期间为了保证工艺还做了一次一比一的构造试验，最终完成了这次有意义的从理想到现实的建构“翻译”。

最后，屋外的园林、屋内的大量陈设、墙上的画作等都是按许老师自己的意愿进行的布置。这种大胆的设计上的取舍幸运的完成了一次很好的设计师和甲方意愿的和谐融合。设计就像是搭好了一个戏台，又或者说就像是传统水墨画的“留白”手法，让中国传统文化元素在这里充分的展示。许老师带着他的学生和朋友们在设计的整个过程中都深度参与，在工作室建成以后，还要陆续的办昆曲《游园惊梦》等艺术活动。就在刚刚竣工完的一次试唱过程中，人们就领略到了昆曲的歌声在整个高敞的工作室空间里回荡的震撼场面。

走进刚刚完成的工作室里，人们都能想象出接下来冬夜的雪中看湖；明年的夏日暖阳下，许老师和朋友们在茶室品茶听琴；在大画室摇椅上摇曳，蛐蛐鸣叫的一系列动人场景了。

给孩子自然活泼的中国风

盘小宝影视体验馆

工程档案

项目地点 中国，长沙

竣工时间 2016年

设计单位 水木言设计

主设计师 梁宁健

设计团队 金雪鹏、周剑锣、杨凌

项目面积 730平方米

摄影师 由水木言设计提供

主要材料 玻璃、亚克力、树脂

一楼平面图

1. 儿童活动区
2. 国学馆
3. 洽谈区
4. 楼梯区
5. 接待区
6. 入口
7. 洗手间
8. 储藏间
9. 办公室
10. 录音室
11. 观影区

设计理念

此次的空间设计，需要在继承中式庄重、典雅、方正风味的同时，也希望有些新的元素。一是基于儿童、亲子、摄影空间的功能需求；二是基于功能实用性的整体需要。第三，希望在传统文化元素当中有新的表达方式。

设计说明

整个空间可以分割为几个部分。下面先讲述一些比较具有纲领性的设计：金色的城门和玻璃材质给人以第一印象是中国古典的风味，但又不是那么“老古”。进入前厅，红色小狗艺术装置可以第一眼吸引到孩子。红色是热烈、好客的颜色，而狗是活泼热闹的动物，孩子们天生的玩伴。接着你会看到典型的中式栅栏，作为整个大厅的屏风。屏风在中国的住宅中是最常用到的构件，他能给主人和客人一个缓冲区。

中轴区域的设计和家具，像是古代私塾又或者是传统中国文人的书房。这个区域用来进行国学讲座，家长和孩子们可以坐在一旁的地上阶梯上听讲。

阶梯上有五彩的树脂材质的兔子陪伴。树脂兔子和天顶的绿树发光膜图画以及室内的绿植相映衬，颇有些“爱丽丝梦游仙境”的奇妙。

处于一层靠墙边的洽谈区，设有一处亚克力长廊。亚克力长廊长 12 米、宽 3 米、高 3.5 米，由于国内没有厂家有过这种类型项目及尺度的制作经验，我们联合中国美院教授从材料属性、安全度、重量、造价、小样模型及 3D 模型经过多次尝试，到最终成型安装克服种种困难才得以呈现。

由水木言设计的盘小宝儿童影视体验机构坐落于中国湖南长沙核心商圈，整个项目给热爱国学的小朋友和他们的父母提供了一个可穿着古装服饰拍摄小电影的空间。

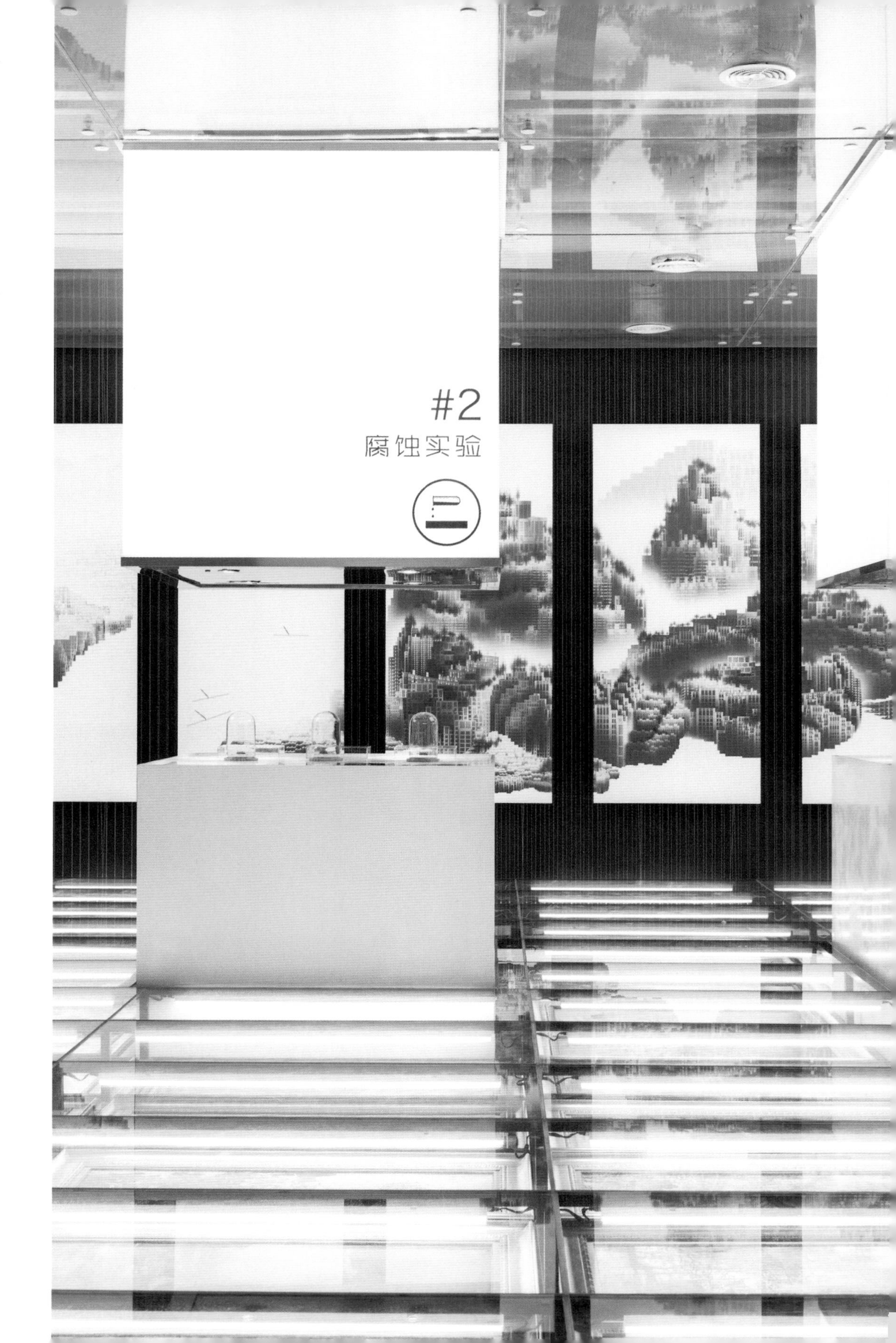
#2
腐蚀实验

工程档案

项目地点 中国，景德镇

竣工时间 2016 年

设计单位 杭州肯思装饰设计事务所

主设计师 林森

设计团队 林森、邬逸冬、谢国兴

项目面积 1800 平方米

摄影师 刘宇杰

主要材料 耐磨超白玻璃、钢丝绳、超宽橡木复合地板、艺术涂料

一层平面图

1. 签到区
2. 休闲区
3. 产品耐候性展示
4. 城规概念展示
5. 洗手间

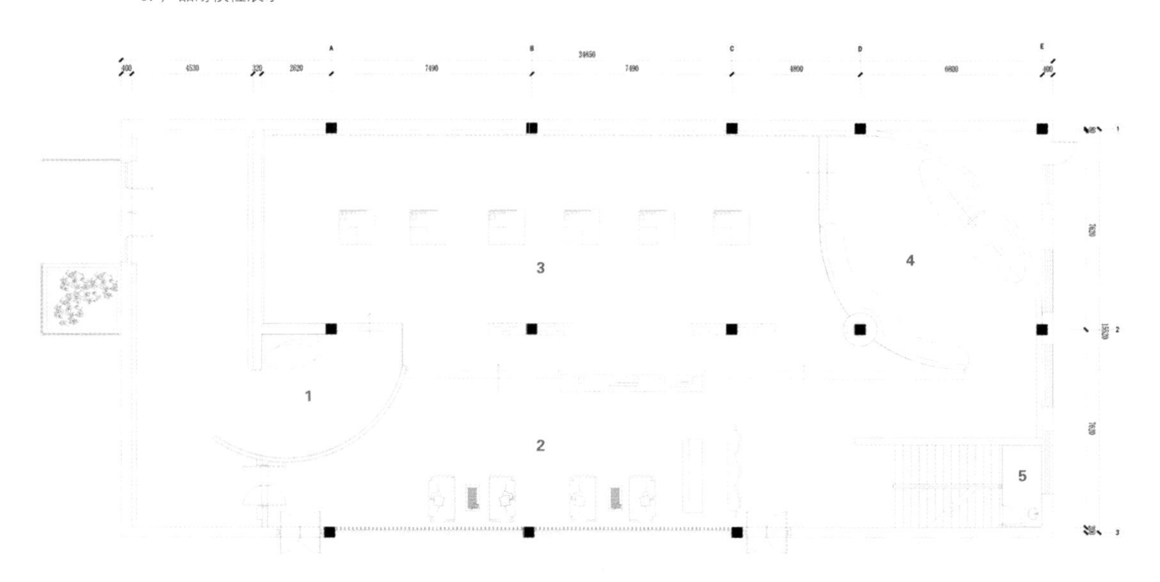

FU
术陶瓷改变人居生活

设计理念

随时代进步，瓷板技术已不仅局限于单纯的装饰画范畴，它可以广泛运用在建筑表皮、墙顶饰面、家具家饰等方面。于是传统工艺如何以时代面貌呈现，是这个项目设计首要解决的问题。

“化山水于飘渺、置艺术于空灵”成为了此次设计的基调。将传统文化和当代理解贯通的设计，构筑的是浮世之景，具象看来，就是穿越感的设计。

设计说明

从进门处设立的 10 米高竹径瓷板长廊为开始，似曲径通幽转向别有洞天。通道尽头呈现出一个当代山水都市，以上下对置的超耐磨白玻璃构筑的空间里，一切都具有了飘浮感。13 幅中国山水瓷板画的背景一气呵成，用钢丝绳悬浮横置，如海市蜃楼。6 组对称分立的人造石台面以丰碑的形态阐述瓷板工艺之精华。整个空间诉求着“空、灵、逸”之意境，透过镜面反射出两个世界，或景或城、或境或影。3D 投影在一楼尽头处，构筑出一个环屏空间，动态展示着瓷板之建筑运用。

#6
1000 2400
300 600
ISO14001
145 50
100
ISO9001
1000

顺着中国画笔触的楼梯拾级而上，二楼清雅的艺术空间便展现出来。对于艺术瓷板的展示，本案并未采用传统手法，而是将其以阶梯式书院的形式构成，寓意瓷板艺术的博大精深、传承万世之意。各类瓷板收纳于统一装帧的书籍中，散发金色光芒，阶梯式的展陈手法将技术、工艺、艺术这三大板块内容层层递进地展开。配以大量留白的空间，营造出无限静思。

畅想艺术的绿色未来

莲邦广场艺术中心

工程档案

项目地点 中国，珠海

竣工时间 2014年

设计单位 台湾大易国际设计事业有限公司·邱春瑞设计师事务所

主设计师 邱春瑞

项目面积 3000平方米

摄影师 刘宇杰

主要材料 钢材、低辐射玻璃、大理石、地毯、木饰面、铝合金、织布等

一层平面图

1. 接待区
2. 洽谈区
3. 礼堂

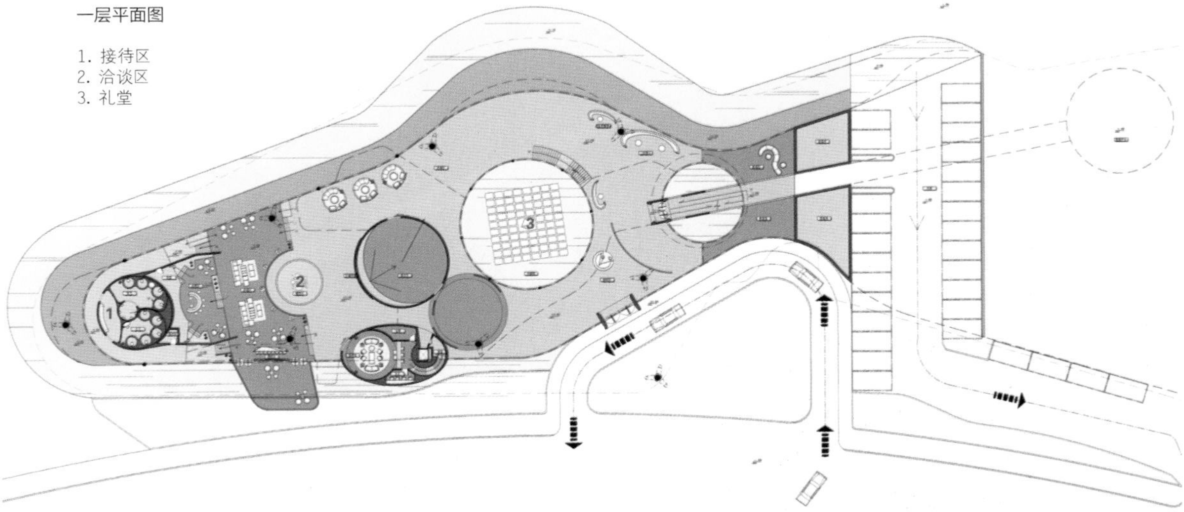

设计理念

用地位于珠海横琴特区横琴岛北角，紧邻十字门商务区，用地东北面紧邻出海口，享有一线海景，景观资源丰富；与澳门一海之隔，更可观澳门塔、美高梅、新葡京等澳门地标建筑；东面距氹仔 200 米，地理位置优越。

整体项目从“绿色”“生态”“未来”这三个方向出发规划。从建筑规划设计阶段开始，通过对建筑的选址、布局、绿色节能等方面进行合理的规划设计，从而达到能耗低、能效高、污染少，最大程度地开发利用可再生资源，尽量减少不可再生资源的利用。与此同时，在建筑过程中更加注重建筑活动对环境的影响，利用新的建筑技术和建筑方法最大限度地挖掘建筑物自身的价值，从而达到人与自然和谐相处的目的。

设计说明

整体建筑造型以“鱼”为创意，采用覆土式建筑形式，整个建筑与周边环境融为一体，外观像一条纵身跃起的鱼儿。该建筑与周边环境充分融合，覆土式建筑形式可供市民从斜坡步行至艺术中心顶部休闲娱乐，且同时可观赏到珠海、澳门景观。建筑中心区域通过通透屋顶的处理，建立室内外的灰空间，从视觉上形成室内外一体景观，做到了室内、室外的充分结合。建筑周边结合园林绿化设计，通过水景过渡及雕塑、装置艺术品等的设置，增加艺术氛围，形成滨海的、艺术的、人文的、自然的公共休憩场合。
雨水回收：通过采集屋面雨水和地面雨水统一到达地面雨水收集中心，经过雨水过滤再利用输送给其他用途，如卫生间用水、景观用水和植被灌溉。
能源回收：建筑外墙体通过使用能够反射热量的低辐射玻璃，尽可能多的引进自然光，同时减少人造光源。建筑覆土式设计采用自然草坪，在一定程度上形成局域微气候，减少热岛效应、隔热保温，能够高效地促进室内外冷热空气的流动，降低室内温度到人体接受范围。

“室内是建筑的延伸”

首先考虑建筑外观以及建筑形态，在达到审美和功能性需求之后，把建筑的材料、造型语汇延伸到室内，并把自然光及风景引进室内，将室内各个楼层紧密联系，人文环境相互律动，是室内空间的节奏。

动线安排

室内部分共分为两层——展示区域和办公区域，客户在销售人员的带领下首先会经过一条长长的走廊，到达主要区域，在这里阶梯式分布着模型区域、开放式洽谈区域、水吧台以及半封闭式洽谈区域。在硕大的类似于窈窕淑女小蛮腰的透光薄膜造型下，这里可以纵观整个综合体项目的规划 3D 模型台。阶梯式布局采用左右对称设计，左边上、右边下，一路上都可以领略到窗外的风景。靠近澳门的这一面，采用全落地式低辐射玻璃，在满足光照的前提下，可以很好地领略澳门的风景。绕着一个全透明的类似于椎体的玻璃橱窗——这里也是整个不规则建筑体最高处，达到 12 米高度——可以到达 2 层区域的办公区域，在挑高层那一侧可以清楚地看见一层的主要工作区域。通过圆柱形玻璃体内侧的弧形楼梯可以到达建筑的屋顶，澳门和横琴的景色尽收眼底。

淄博齐长城美术馆

工程档案

项目地点 中国，淄博
竣工时间 2014年
设计单位 建筑营
主设计师 韩文强
设计团队 韩文强、从晓、黄涛
项目面积 3000平方米
摄影师 王宁
主要材料 灰色花纹钢板、玻璃、鹅卵石板

一层平面图

1. 廊道入口
2. 展厅
3. 茶室
4. 餐厅
5. 厨房
6. 茶吧
7. 艺术家工作室
8. 学生研讨室
9. VIP 会客室
10. 餐厅入口
11. 办公室
12. 会议室
13. 门卫室

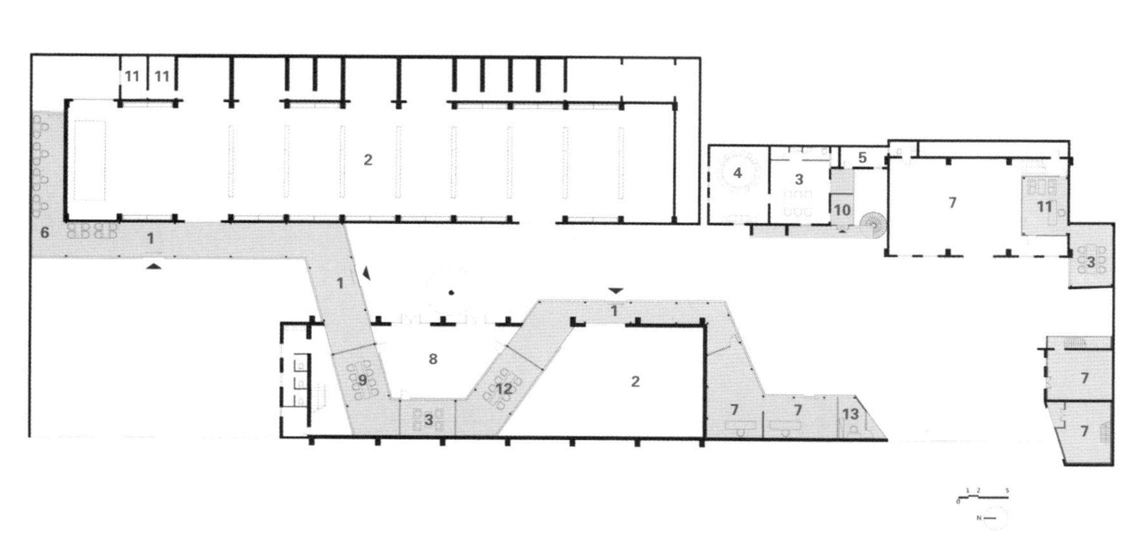

齊長城美術館

设计理念

距离山东淄博火车站不远，在闹市的繁华背后隐藏着一片破旧的工业厂房。厂房始建于 1943 年，前身是山东新华制药厂的机械车间，为当时国家的特大型项目。随着城市化的进程，制药厂整体搬迁至新区，机械设备被尽数拆走，只留下这些巨大空旷的车间。荒废多年之后，如今这些厂房的命运迎来了新的转机。凭借大跨度的空间结构和朴拙原始的材料质感，这里成为艺术家们的向往之地，由此引发了一次从工业遗迹变身为当代艺术馆的改造过程。改造区域大约是一个面积规整的矩形，散布着 3 个厂房和大小不等的多处仓库。由于厂房地下设有人防设施，室内外地面均为混凝土，所以场地内鲜有树木。

当前中国快速的城市扩张带来了诸多新的环境问题，因此对于被人遗忘的老旧建筑，也许除了拆除，还可以有更多的方式发掘和呈现其对城市的现实意义。而艺术恰好可以成为改变现实问题的一种力量。当代的艺术空间不仅是艺术品展示载体，更应该是包含居民多种公共活动与日常生活的丰富的场所。让城市更“好用”，让艺术更“生活”。

二层平面图

1. 开放办公室
2. 艺术家工作室
3. 办公室

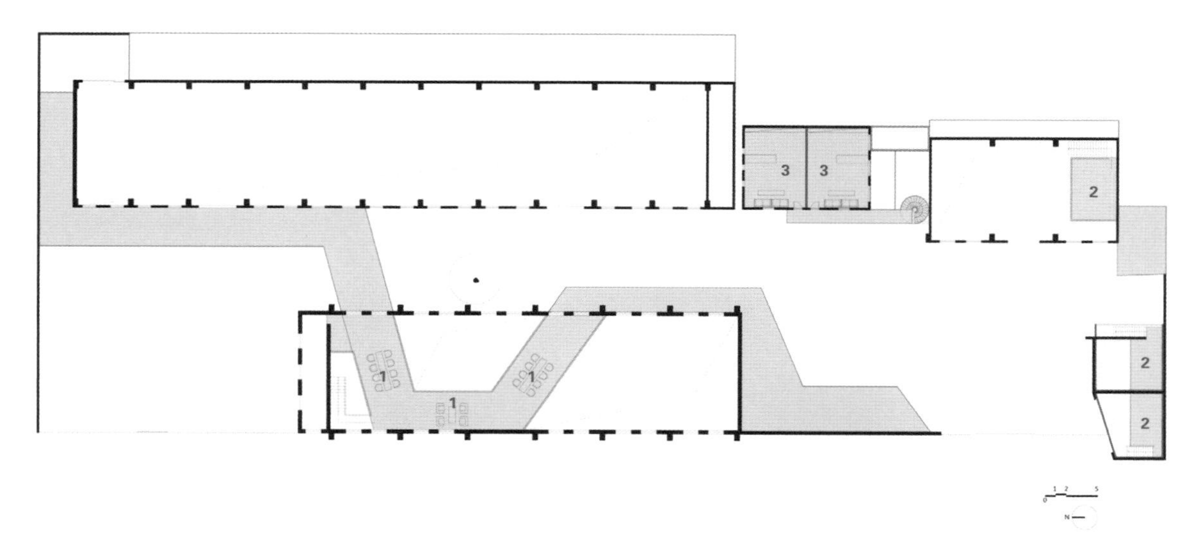

设计说明

基于原厂房分散、封闭的外部环境特征，设计着力于建筑内外转换和场地关系的“关节”处理，加强艺术活动的公共性、开放性和灵活性，促进人与艺术环境的互动，使废旧厂房重现活力。一条透明的游廊重新整合原有场地的空间秩序，穿梭于旧厂房内外之间，改变旧建筑封闭、刻板的印象，新与旧产生有趣的对话。玻璃廊道的曲折界定了多功能的公共活动，包括书店、茶室、艺术家工作室、研讨室等，也使得一系列艺术馆的日常活动成为艺术展示的一部分。由镀膜玻璃和灰色花纹钢板构成的廊空间悬浮于室内外地面之上，勾勒出水平连续的内外中介空间。随着游人的参观活动，视觉场景不断变换，镜像、映像、虚像反复交替。厂房内部最大化的保存工业遗迹的特征，适当添加人工照明和活动展墙，保持原始空间的灵活性。室外场地以干铺和浆砌鹅卵石板来塑造一个完整的环境背景，局部覆土种植竹林，使内外环境交相辉映。

长沙规划展示馆

工程档案

项目地点 中国，长沙

竣工时间 2014年

设计单位 上海风语筑展示股份有限公司

主设计师 李晖、边杨

设计团队 李晖、边杨

项目面积 7956平方米

摄影师 张振兴

主要材料 黑色烤漆玻璃、铝塑板、纤维吸音板、水泥压力板、地胶垫

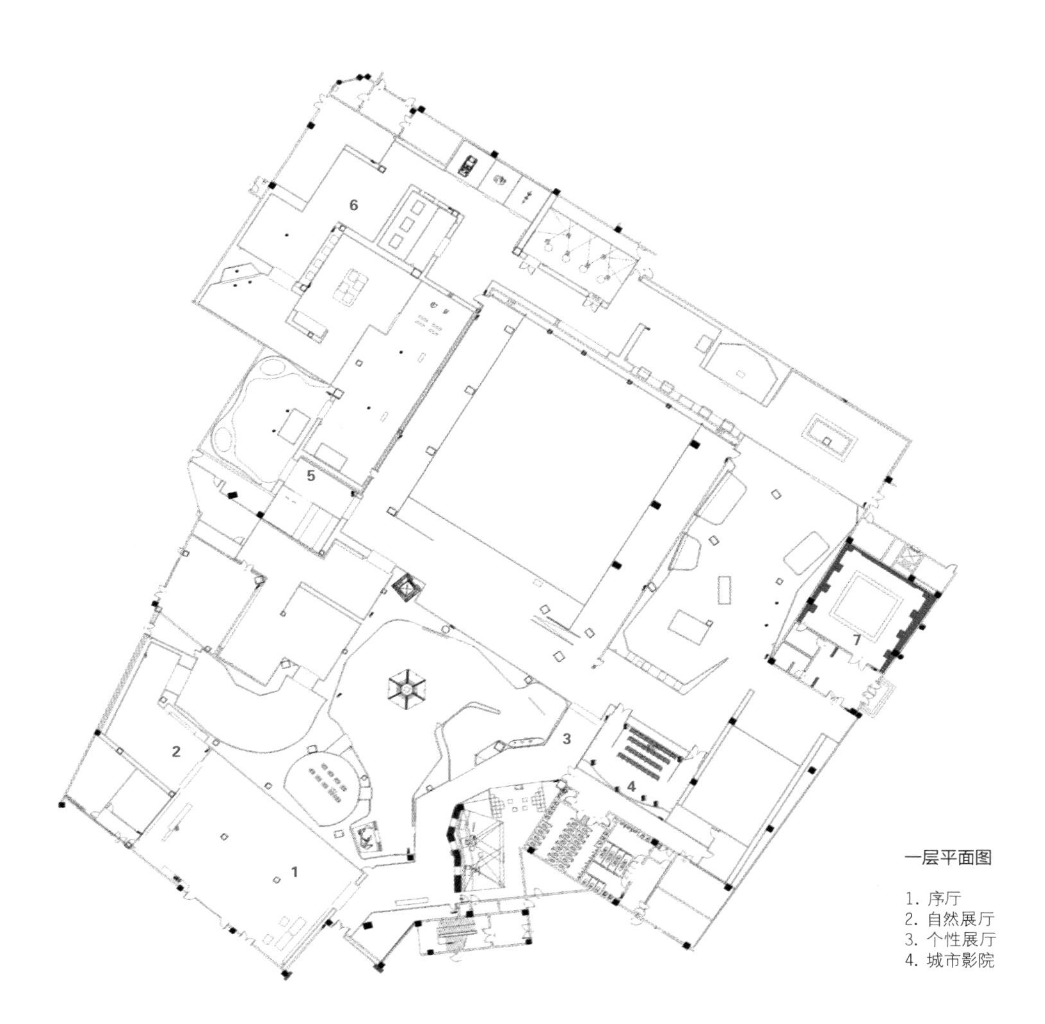

一层平面图

1. 序厅
2. 自然展厅
3. 个性展厅
4. 城市影院
5. 历史展厅
6. 规划长廊
7. 贵宾室

设计理念

长沙规划展示馆位于新河三角洲滨江文化园内，西临湘江，与长沙市博物馆、长沙市图书馆和长沙市音乐厅共同构成长沙市“三馆一厅”。展示馆总建筑面积 9255 平方米，布展面积为 7956 平方米，是集规划展示、科普教育、公众互动等多功能于一体的专业展馆。

展馆围绕“山水洲城”的城市特色空间格局，以“我的长沙我的家”为主题，依次展现“星城印象·走进大长沙”“历史长河·探寻老长沙”“规划长廊·畅想新长沙”和“个性·幻城 2050”四大板块，并将三维复原、总体规划沙盘模型、数字沙盘、3D 影院、隔空互动影像空间、VR 自驾等现代声光电技术融入多项展示环节，全面展示长沙的山水之美、人文之美、城市之美。

水洲城
我的长沙 我的家

数说长沙

设计说明

由于整体建筑空间为单层式异型布局，设计师在建筑结构和建筑空间上做了深入把控，巧妙利用空间明暗、主次、过渡、递进等逻辑关系，将开放式空间与沉浸式空间灵动结合，营造出时空跨越的视觉张力，同时将长沙城市基因“简牍、湘绣、菊花石、棕编、湘剧脸谱、红辣椒”等最具长沙特色的元素聚合在一起，阐述了展陈设计中的地域性表达。整体设计颠覆传统静止的观光、观展模式，转变为一种鼓励参与、新意迭出的体验式、旅游型观展模式。展馆在体现“生态”与“科技”理念的同时，多元的展示手段细微地融入了长沙“山水城市”的各种想象，让观者感受到不同时间和空间的长沙之美好。居于展馆中央区域的长沙总体模型按照 1 ： 1300 的比例浓缩了长沙全景，在 1050 平方米的大沙盘模型上纵览长沙城区全貌，长沙“山水洲城”的城市格局尽收眼底；并依托国内首创的“多维信息同步演示系统”，演绎出美轮美奂的规划大秀。如果说文化是一个城市的灵魂，那么长沙这座楚汉名城，拥有着浓厚古朴风韵的宋代时期传统建筑，保留着关于长沙老城里千年的记忆，浓浓的乡情乡愁。栩栩如生的场景复原，则将弦歌不绝的岳麓书院搬至眼前。迈步其中，通过虚实结合的技术带领观众邂逅朱熹、王守仁等长沙先哲，听其开坛讲学，从而全面了解“湖湘文化策源地”的缘起与兴盛。

仅存的天心阁古城，碧瓦飞檐，朱梁画栋，精致的木质复原模型将带领参观者领略长沙建筑艺术的魅力。太平街历史街区场景复原，穿行于雕梁画栋、酒旗店铺，聆听街边叫卖声；观众走近湘剧戏台空间，欣赏着老长沙民间传统艺术的精髓。抹去尘埃的记忆，轻轻擦拭，观众将看到由虚拟数字技术所呈现的昔日影像，可了解到长沙各时期的生活实录，感受居民生活变迁，回味长沙风韵。

整座展示馆是设计与文化的交融、规划和科教的跨界，汪涵、大兵等 7 位长沙“里手”开策，通过互动视频为游客一一介绍最能代表长沙的方言、文化、习俗等，让人耳目一新。在幻城 2050 展区，设计师设计了《环球达人》未来空间，一张“机票”游览国际六大都市，设置《一站到底》达人闯关挑战项目，营造世界规划科普秀场，寓教于乐，在“玩”中学习城市人文、城市景观、城市风貌、城市地理等相关城市规划内容。

挥手桃花盛开、蝶萤翩翩飞舞，精心打造的隔空互动体验间，河滩石打造的山水自然肌理与影片动静相宜，目光流转，感受原生态的山、水、绿。除此之外，展馆还配合展示综合交通、公共服务设施、市政基础设施、产业规划、重点项目、区县规划等内容，综合诠释长沙的宜居宜业宜游形象。据了解，本馆从试运营开始，每天的参观量逾 6000 人，十一国庆期间每天逾 8000 人，创造了国内规划馆领域罕见的热馆效应。

长沙，一座制造快乐的山水洲城，成功塑造了一座空间与艺术结合，技术与人文结合，设计与本土结合的城市规划展览馆。

宜人之城　昌盛之地

宜昌规划展览馆

工程档案

项目地点 中国，宜昌

竣工时间 2014年

设计单位 上海风语筑展示股份有限公司

主设计师 李晖、边杨

设计团队 李晖、边杨

项目面积 10000平方米

摄影师 郑勋

主要材料 镜面不锈钢、铝塑板、木纹板、纤维吸音板、防滑底脚垫

一层平面图

1. 办公门厅
2. 预留展区
3. 贵宾室
4. 体验空间
5. 展览区
6. 卫生间
7. 临展公示区

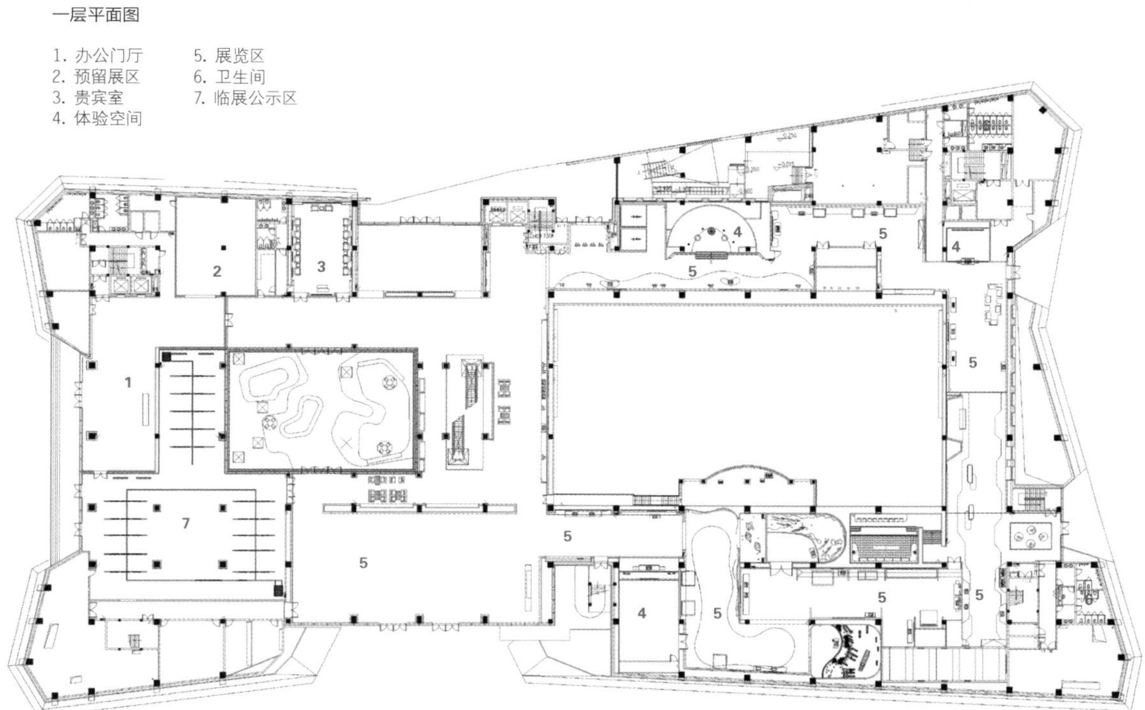

设计理念

宜昌，古称夷陵，位于长江上中游节点处，上控巴蜀，下引荆襄，南通湘粤，北达中原，是中部地区的重要交通枢纽城市，湖北省域副中心城市。宜昌历史悠久，文化丰厚，人才辈出，风光旖旎，楚文化、巴文化、三国文化、三峡人家、清江画廊等城市底蕴与韵味，成就了宜昌质朴而清秀、大气而包容的迷人气质。宜昌规划展览馆，是湖北省绿色三星建筑示范工程，位于宜昌新区核心区，南临柏临河路、东临新区规划道路。总建筑面积 20960 余平方米，其中布展面积 10000 平方米。展馆整体设计遵循“地域文化性”“智慧科技性”“低碳环保性”和“亲民互动性”四大原则，以“宜人之城、昌盛之地”为展示主题，以突出宜昌从古至今的城市变化为线索，围绕总体规划沙盘模型，设置了“三峡明珠印象宜昌”“巴风楚韵 千年蝶变”“新城新颜 时代辉煌”“世纪宏图 大城崛起”“智慧生态 未来畅想”和“互动休闲 阳光规划”等六大展示区域。在简约大气的空间中，合理运用多种高科技手段，将数字魔镜墙、数字沙盘、互动影院、VR 自驾、互动飞屏等现代声光电技术融入多项展示环节，是集规划展示、科普教育、特色旅游、商务休闲等多功能于一体的城市综合展示馆，集中展示宜昌悠久灿烂的历史文明、精彩辉煌的今日图景与希望无限的未来蓝图。

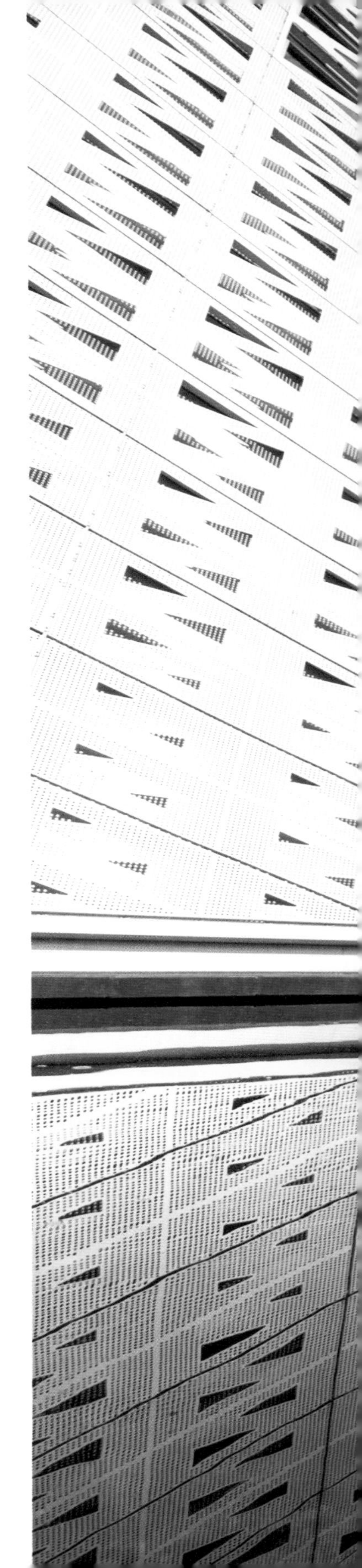

设计说明

一层“三峡明珠 印象宜昌”展区，包含序厅与城市概况。步入序厅，映入眼帘的是以宜昌“山至此而夷、水至此而陵”的山水城市特色为灵感，采用三峡石肌理元素，纯手工雕刻城市主题形象墙，突显大气开明的城市气韵。宜昌概况展区不仅能概览城市特色、城市荣誉，欣赏 24 小时的宜昌美景，还能通过图影联动方式了解宜昌与友好城市的交流发展情况。一座城市的历史文化是这座城市发展延续的根基。“巴风楚韵 千年蝶变”展区以城市发展变迁为节点，再现宜昌波澜壮阔的城市历史画卷。大城之源通过场景复原，让观众感受远古长阳人营造部落的场景，揭开宜昌文明序幕。宜昌自古为战略要地，宜昌城的建设与发展历练了数千年的磨难。我们以夷陵之战的故事为蓝本，打造多点互动体验空间，观众漫步古城，影随身动，战鼓雷鸣，金戈铁马，展示宜昌军事重镇地位。“北斗三更席，西江万里船”，通过码头造景结合投影形式，再现宜昌开埠风云。借助 1 ： 1 战争实景，打造宜昌保卫战体验空间，让观众铭记历史，珍惜现在。同时复原城南历史文化风貌街区，观众信步于此，翻开老城记忆历史长卷，通过技艺传承、文化古镇、对话名人、诗意峡江等方面，感受宜昌厚重的历史文化底蕴，追忆百年前宜昌居民的生活风貌。穿越历史，进入以三游洞崖刻为灵感的时空隧道，在光影时空间穿梭的同时，擦拭两侧互动魔镜墙，宜昌旧貌展新颜，呈现日新月异的发展变迁。“新城新颜 时代辉煌”展区，主要从三次腾飞、枢纽宜昌、宜居宜昌以及山水宜昌四个方面体现。其中，一座座水利枢纽见证了宜昌跨越式三次腾飞的辉煌发展，我们结合三峡工程模型打造水天一色沉浸式演绎空间，大坝开启，波澜壮阔，水雾升腾，观众坐看“高峡出平湖”，呈现出大气宏阔的城市气象。隔空互动空间则让观众在挥手互动的趣味体验中，了解宜昌宜居之城的民生建设成果。另外，展区还运用裸眼 3D 和飞趣 360 等高科技展项，让观众畅游清江画廊等风景，全情体验宜昌 5A 级景区的绝妙风采！ VR 自行车漫游体验展项，则让观众于骑行中感受“山在城中、城在山中”的宜人生态风光。

Q W E R T Y U I O P
A S D F G H J K L
Tab
Caps Lock
Page Up
Page Down
End
Health
Tourism
Traffic
Reference library statistics

绿化面积占
屋顶可绿化面积的
24.93%

二层包括“世纪宏图 大城崛起”和“智慧生态 未来畅想”两大展区，也是整个展馆的重点展示区域。其中，宜昌市总体规划模型空间是整个展馆的核心展项。我们深入挖掘宜昌市的山、水、人、城特色，以郭沫若先生“山平水阔大城浮”的诗画意境作为设计灵感，以“嵌山·傍水·大城浮”的理念，倾力打造全国独有的总规模型秀。1500 平方米物理模型与逾 600 平方米的主侧 LED 屏相呼应，通过视觉、听觉、变换的灯光效果形成的立体空间，营造一种剧场式的精彩体验，展示宜昌城市的整体格局与规划蓝图。数字沙盘通过地理信息系统、仿真三维等高新技术建立起一个可交互操作的实时虚拟现实环境，展示宜昌新区等四大平台具体规划，托起大城梦想。“智慧生态 未来畅想”展区主要讲述宜昌未来智慧之城、生态之城畅想。未来影院采用多维技术，打造梦幻效果，于唯美意境中，人文之韵、梦想之地三幕剧，畅想大城未来。智慧城市展区则以互动形式，提供智慧家居、智慧购物、智慧教育、智慧医疗等未来城市智慧生活的前沿设想。针对该馆为湖北省绿色三星建筑示范工程的特点，我们特意打造了一个绿色三星的专题展厅，展示未来田园城市的不同形态以及宜昌在生态城市建设方面的实践。并从节地与室外环境、节材与材料资源利用、节能与能源利用、室外环境质量、节水与水资源利用和运营管理等多个方面阐述绿色三星标准的内涵。“互动休闲 阳光规划”展区，涵盖整个建筑一层至三层的主要公共空间，秉承引光入馆、引绿入馆、引景入馆、引乐入馆的理念，设置了爱在宜昌、互动拍照、城市书吧、规划科普、临展公示等各个展区以及一层的景观中庭与三层的室外观景平台。宜昌规划展览馆，记载一册名垂千古、风姿卓绝的城市史记，重现一段百舸争流、一帆当先的时代传奇，承载着宜昌大城梦想，筑梦美好未来！

工程档案

项目地点 中国，北京

竣工时间 2017年

设计单位 寸设计

主设计师 崔树

项目面积 430平方米

摄影师 王厅、王瑾

平面图

1. 展厅入口
2. 灯具展示馆
3. 展示灯箱
4. 吧台
5. 灯具展厅
6. 服务台
7. 设计部
8. 会议室
9. 办公室
10. 女洗手间
11. 男洗手间
12. 配电室
13. 建筑外观

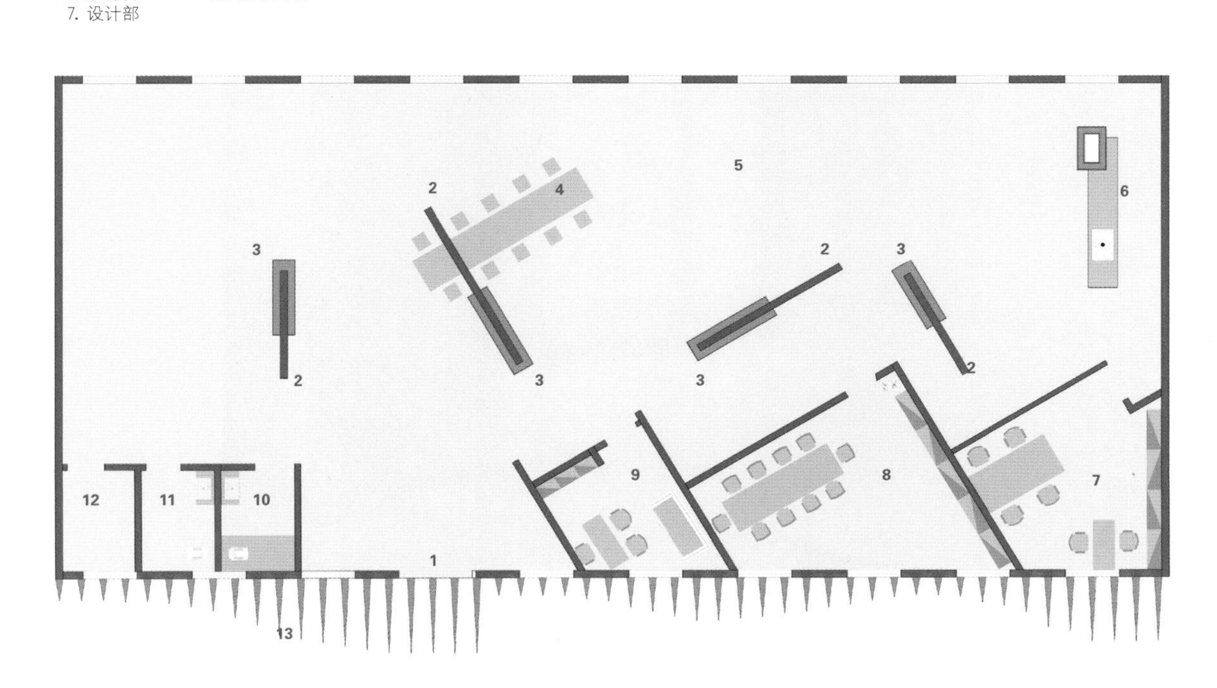

设计理念

当人们第一次看到葡萄牙品牌 SERIP 灯具时，源于自然界的圆形、螺旋形以及不规则不均匀的形状，让人们仿佛走入了电影里的爱丽丝梦游仙境的梦幻世界。

打破传统规则的束缚，将极简主义、现代、古典等各种风格完美融合在它的设计里面，它带给人的感觉是那么的梦幻、浪漫，带着惊艳的缤纷。

好的设计属于定制而不是复制。因为每个空间都有它自己的气质，设计师必须要走到这个空间里，才能够感受到空间自己的气质，再来根据它的气质进行设计。展厅设计其实是展示设计的一种，它综合了人与物和场地之间最佳空间关系。

当本案设计师被委托设计 SERIP 这个展厅空间时，想做的是一个不同的展厅形式，这个“不同”应该有属于它自己的气质。

设计说明

“我们来到位于北京市马泉营的项目地点时，是 4 月份的下午 3 点左右。房子在一处非常空旷的厂区里，建筑本身就是彩钢瓦的结构，造价非常便宜，施工也很粗糙，并与周围建筑连成一体，不具备一个独立品牌店应有的条件。当时第一印象感觉有些失望，但当走进这个空间时，一束光透过它仅有的天光口映射到这个场地，仿佛在空间中画了一条非常干净的切线，将其一分为二。瞬间我找到了这个空间的气质！正是这一束阳光，让空间有了划分，同时我们也想到，灯的存在也有着白天与黑夜带来的不同的展示效果，于是我们利用这束光将空间切成黑与白”，设计师崔树说。

设计说明

两种极端的彩色既是矛盾又是统一的，在经过一番组合之后，使它们的边界与那一束光相齐，达到最必然和最终极的一种形态，让 SERIP 灯具在白天与夜晚的效果与魅力可以在这里同时展示。

1. 黑与白：在黑区与白区里，根据 SERIP 的产品创造了些人造光，黑区放置了一些水晶灯，可以将灯本身的价值与在空间中的光感体现得淋漓尽致；白区则是放置了一些造型也很好看的灯，这些以独特手工吹制的玻璃艺术品的灯具在这里得到了完美展示。

2. 隐藏“门”的建筑：而在建筑外立面，设计师用了切片的形式在外立面把整个建筑隐藏起来，没有再去强化建筑本身，而是用切片隐藏了建筑主体。

白颜色的切片形成了这个园区的主视点，当阳光洒下来，根据时间的变化，切片形成的光影也随之转变。而且这个造型是没有明显的入口的，完全统一的造型，让整个展厅形成它的一个独立性。

3. 过渡的墙：空间中增加了些灰色墙体，在黑白空间之间让它们形成一个个独立的区域，这些区域则是为了展示灯具，来完成灯具的背景展示。

4. 让梦想照进现实：设计师认为像 SERIP 灯具这么美丽浪漫的灯就该出现在童话世界里，所以找来与之气质相符的动物图像，放入灰色墙体内部，来营造一个梦幻的气域与气场。

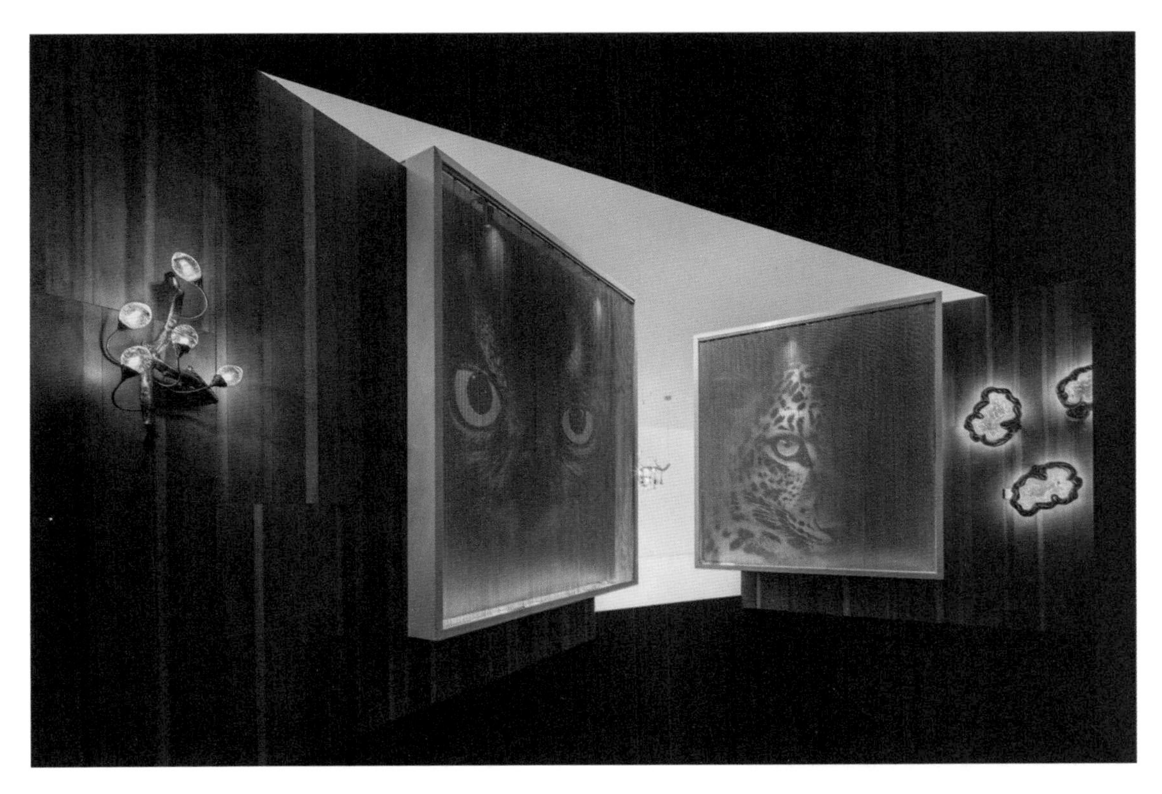

未来旅行社

赞那度旅行体验空间

工程档案

项目地点 中国，上海

竣工时间 2016年

设计单位 十上建筑

主设计师 陈暄

设计团队 张拓、王志佳

项目面积 600平方米

摄影师 隋思聪

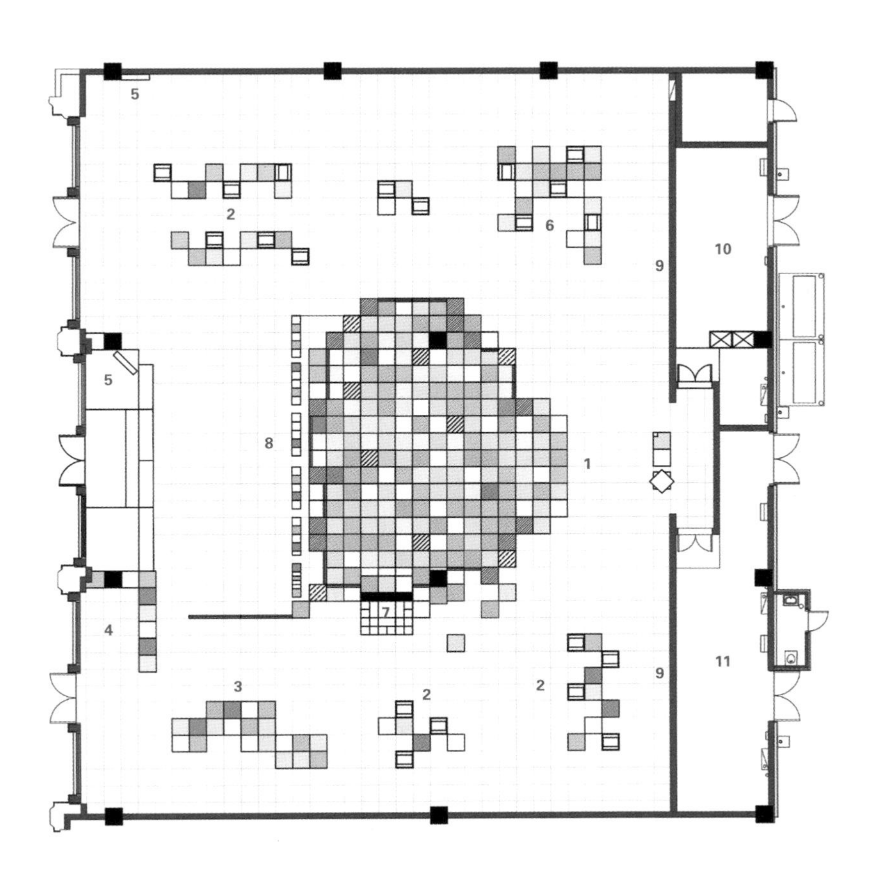

平面图

1. VR 体验区入口
2. 产品展示区
3. VR 眼镜体验区
4. 礼品售卖收银台
5. 海报展板
6. 极致奢华产品展示区
7. 控制区
8. 赞那度 LOGO
9. 投影幕
10. 储藏间
11. 工作人员休息室

设计理念

Value Retail 是全球最大的奢侈品奥特莱斯经营商，在上海浦东新开业的奕欧来购物村，为赞那度 VR 体验店提供了 600 平方米的空间，毗邻迪士尼。经多方考量，十上建筑被赋予了体验店设计的重任。

- 体验店应体现赞那度的品牌。这是一个非常年轻的品牌，这个空间是该品牌的第一个线下体验地，应考虑到如何在线下呈现这个线上品牌。
- 该空间是以 VR 技术和 VR 体验为亮点吸引人群。
- 该空间应有足够的功能性，以互动的方式展示热门目的地和旅行产品。
- 考虑到用户需要佩戴 VR 眼镜，VR 体验应该是非常私人和安静的体验。所以，在这个空间要让人同时感到兴奋与安静，这就十分具有挑战性。

zanadu
Zanadu is China's leading luxury travel agency
北欧
North Europe
不丹
Bhutan
西欧&南欧
暹罗风情
Amazing Thailand
暹罗风情
Amazing Thailand

空间设计理念为“未来的旅行社”。在西方，线下旅行社无处不在，采用的都是传统度假预订方式。相反，中国大多数旅行者都是在线预订，而很少选择线下旅行社。设计师希望通过赞那度第一家体验店来预测未来的旅行预订方式和旅行体验。

这一设计理念对设计及功能性的影响：

- 设计十分具有科技性。空间看上去就像一个爆炸的像素景观。数字云垂悬在天花板上，数字化的立方体分散整个空间。像素的元素即代表了品牌的线上属性，完美的融合到了线下环境中。
- 五个巨大的数字风格化热气球位于空间中心部分，邀请参观者坐在他们下面的座位，开始一段虚拟旅程。
- 20 个目的地的触摸屏立方体，展现了不同旅程、产品和目的地的故事。
- 两个 10 米宽的投影屏幕和环绕声系统，提供到剧院般的视听效果。每 15 分钟就有一个 2 分钟的品牌视频在 20 米宽的屏幕上播放。
- 体验店中的一切都可通过微信及二维码链接到赞那度客户关系管理系统。每个访问者通过扫描一个二维码即体验 VR 或访问指定产品。

设计说明

索引

邱春瑞设计师事务所
Q
普罗建筑工作室
P
南京名谷设计机构
N
建筑营设计工作室
J
杭州肯思装饰设计事务所
H
风合睦晨空间设计
F
迪卡幼儿园设计中心
D
寸设计
C

致正建筑工作室

志淼创意

Z

香港峻佳设计

X

唯想国际

W

同济大学建筑设计研究院（集团）有限公司

台湾大易国际设计事业有限公司

T

水木言设计机构

十上建筑

尚辰设计

上海库康纳建筑设计有限公司

上海风语筑展示股份有限公司

S

图书在版编目（CIP）数据

中国印象．文化教育空间／陈卫新编．一 沈阳：辽宁科学技术出版社，2019.1
ISBN 978-7-5591-0653-7

Ⅰ．①中… Ⅱ．①陈… Ⅲ．①教室一室内装饰设计一中国 Ⅳ．① TU238.2

中国版本图书馆 CIP 数据核字（2018）第 053784 号

出版发行：辽宁科学技术出版社
（地址：沈阳市和平区十一纬路 25 号 邮编：110003）
印 刷 者：上海利丰雅高印刷有限公司
经 销 者：各地新华书店
幅面尺寸：185mm×250mm
印　　张：16
插　　页：4
字　　数：200 千字
出版时间：2019 年 1 月第 1 版
印刷时间：2019 年 1 月第 1 次印刷
策 划 人：赵毓玲
责任编辑：杜丙旭　于　芳
封面设计：关木子
版式设计：关木子
责任校对：周　文

书　　号：ISBN 978-7-5591-0653-7
定　　价：138.00 元

联系电话：024-23280070
邮购热线：024-23284502
E-mail: editorariel@163.com
http://www.lnkj.com.cn